Cord-Michael Haf
Taysir Cheaib

Multivariate Statistik in den Natur- und Verhaltenswissenschaften

Cord-Michael Haf
Taysir Cheaib

Multivariate Statistik in den Natur- und Verhaltens-wissenschaften

Eine Einführung mit BASIC-Programmen und Programmbeschreibungen in Fallbeispielen

2., überarbeitete Auflage

Friedr. Vieweg & Sohn   Braunschweig/Wiesbaden

Dipl.-Psych. *Cord-Michael Haf* ist wissenschaftlicher Mitarbeiter am Max-Planck-Institut für Psychiatrie, Kraepelinstr. 10, 8000 München 40

Dipl.-Ing. *Taysir Cheaib* ist wissenschaftlicher Angestellter des Laboratoriums für den Konstruktiven Ingenieurbau (LKI) der Technischen Universität München, Materialprüfungsamt, Theresienstr. 90, 8000 München 2

Das im Buch enthaltene Programm-Material ist mit keiner Verpflichtung oder Garantie irgendeiner Art verbunden. Die Autoren übernehmen infolgedessen keine Verantwortung und werden keine daraus folgende oder sonstige Haftung übernehmen, die auf irgendeine Art aus der Benutzung dieses Programm-Materials oder Teilen davon entsteht.

1. Auflage 1985
2., überarbeitete Auflage 1987

Druck und buchbinderische Verarbeitung: W. Langelüddecke, Braunschweig
Printed in Germany

ISBN 3-528-18595-3

Vorwort

Der vorliegende Band behandelt eine Reihe ausgewählter und in der Forschungspraxis häufig eingesetzter Analysemethoden der multivariaten Statistik. Mit Hilfe multivariater Statistik ist es möglich, komplexere Datensätze zu verarbeiten und zu interpretieren. Die Funktion von Statistik, nämlich die Reduktion von Information, wird besonders bei multivariaten Verfahren deutlich.

Für empirisch orientierte Natur- und Verhaltenswissenschaftler ist es notwendig, sich bereits vor empirisch-statistischen Untersuchungen (auch Diplomarbeiten, Dissertation u. ä.) einen gewissen Grundstock von den Analysemethoden anzueignen oder sich darüber zumindest einen allgemeinen Überblick zu verschaffen. Deshalb wurde versucht, die einzelnen Verfahren in verständlichen und interessanten Beispielen aus verschiedenen Wissenschaften darzustellen (Biologie, Geologie, Ingenieurwissenschaften, Medizin, Psychologie und Soziologie).

Für eine Vielzahl kleinerer Studien und Pilotprojekte mit multivariater Fragestellung ist der Einsatz eines programmierbaren Taschenrechners zwar grundsätzlich möglich, aber wegen der häufig notwendigen Wiedereingabe von Zwischenergebnissen zu zeitaufwendig und fehleranfällig. Der Einsatz von sog. Heim- und Mikrocomputern, wie sie inzwischen preiswert angeboten werden, reicht für solche Anforderungen bereits vollauf.

Da jedes Kapitel mit Datenverarbeitungsprogrammen ausgestattet ist, konnten auch Verfahren behandelt werden, die nicht in den gebräuchlichen Statistik-Programm-Paketen (z.B. BMDP, SAS, SPSS) enthalten sind. Das gilt besonders für die Konfigurationsfrequenzanalysen (KFA), die Clusteranalyse nach Ward und die konfirmatorische Faktorenanalyse.

Wir danken an dieser Stelle Frau Gabriele Willer-Cheaib M.A.

für ihre Mitarbeit bei der Herstellung des Druckmanuskripts, Herrn Marcus Stransky für die Programmtestung auf einem 16kB Mikrocomputer und vor allem den Mitarbeitern des Vieweg-Verlags.

München, Unterschleißheim 1984 Die Verfasser

Inhalt

1 Einleitung

Univariate statistische Methoden dienen der Beschreibung von Häufigkeitsverteilungen und der Analyse von in verschiedene Gruppen aufgeteilten Stichproben hinsichtlich eines Merkmals (einfache Varianzanalyse). Mit bivariaten Methoden läßt sich der Zusammenhang zwischen zwei Variablen quantitativ bestimmen. Multivariate Analyseverfahren sind hauptsächlich Weiterentwicklungen uni-und bivariater Methoden und setzen zum Verständnis grundlegende Statistikkenntnisse voraus, wie sie entsprechende Lehrbücher oder Vorlesungen vermitteln.

Uni- und bivariate Statistik vermag die multivariaten Methoden nicht zu ersetzen, obwohl man bei der Lektüre von manchen wissenschaftlichen Arbeiten zu einer anderen Auffassung gelangen könnte. Selbst große Stiftungen wie auch namhafte Wissenschaftler unterstützten und akzeptierten Habilitationsarbeiten zu so wichtigen Themen wie z.B. "Fernstudium und Studienabbruch", die (ohne das intendiert zu haben) belegen, daß bei etwa 100 eindimensionalen Mittelwertsvergleichen auf dem 5% Signifikanzniveau ca. fünf Mittelwerte zufällig signifikant differieren. Bei dieser Art von "Suchstatistik" wird häufig übersehen, daß dieses Ergebnis ein Artefakt sein könnte.

Die zweite Art von Suchstatistik, wie sie mit den großen Statistik-Programm-Paketen möglich ist, führt zum Durchspielen der Daten mit allen verfügbaren multivariaten Methoden bis zu dem Punkt, an dem das Ergebnis annehmbar erscheint. Die Veröffentlichung solcher Ergebnisse dürfte wenig zum Erkenntnisgewinn beitragen. Deshalb plädieren wir für einen verantwortungsbewußten theorie- und hypothesengeleiteten Einsatz von statistischen Verfahren.

In der vorliegenden Arbeit werden die multivariaten Analysemethoden in drei Gruppen dargestellt: Mittelwertsvergleiche (Kap. 2), taxometrische Verfahren (Kap. 3) und faktoranalytische Methoden (Kap. 4).

In Kapitel 2 beschäftigen wir uns mit verschiedenen Verfahren des Mittelwertvergleichs. Die faktorielle Varianzanalyse (Abschnitt 2.1) und die faktorielle Kovarianzanalyse (2.2) lassen sich als multivariate Verfahren hinsichtlich der unabhängigen Variablen verstehen. Dabei untersucht man die Effekte der unabhängigen Variablen auf die abhängige(n) Variable(n). Bei der Berücksichtigung von Kovariablen ist es möglich, die Fehlervarianz weiter zu reduzieren, ohne die Objektstichprobe vergrößern zu müssen. Abschnitt 2.3 behandelt schließlich die mehrdimensionale Varianzanalyse als multivariates Verfahren im engeren Sinn (bezüglich der abhängigen Merkmale). Mit Hilfe der mehrdimensionalen Varianzanalyse können mehrere abhängige Variablen einem Mittelwertsvergleich unterzogen werden, ohne daß man deren Interkorrelationen vernachlässigen muß.

Kapitel 3 beschreibt die wichtigsten taxometrischen Methoden: die Clusteranalyse und die Konfigurationsfrequenzanalyse (KFA). Mit der Clusteranalyse (3.1) stellen wir Methoden zur deskriptiven Gruppenbildung von Objekten oder Variablen vor. Auf der Grundlage definierter Algorithmen werden Objekt- oder Merkmalscluster errechnet, die in sich möglichst homogen sind und sich untereinander weitestgehend unterscheiden. Die KFA ist eine Methode zur konfiguralen Typendefinition nach dem Modell der mehrdimensionalen Kontingenzanalyse. Bei der Einstichproben-KFA vergleicht man die beobachteten Konfigurationsfrequenzen mit den theoretisch erwarteten Häufigkeiten. Überfrequente Konfigurationen sind als "Typen" und unterfrequente Konfigurationen als "Antitypen" definiert. Die Zwei- und Mehrstichproben-KFA vergleicht Konfigurationen über zwei und mehr Stichproben zum Zwecke der Kreuzvalidierung.

Kapitel 4 stellt faktoranalytische Methoden vor, die der Datenreduktion und der orthogonalen Transformation korrelierender Variablen dienen. Die exploratorische Faktorenanalyse verwendet man, wenn für einen Datensatz noch keine Hypothesen vorliegen (4.2.1). Zur orthogonalen Rotation der Faktoren wird das VARIMAX-Verfahren von Kaiser verwendet (4.2.2). Gibt es bereits Erwartungen zur Faktorenanzahl und zum Ladungsmuster, so kann mittels der konfirmatorischen Faktorenanalyse auf die Hypothesenfaktoren hin rotiert werden (4.3).

Im Anhang erläutern wir kurz die grundlegende Matrixoperationen und deren Umsetzung in BASIC-Algorithmen.

Auf die multivariate Regressions- bzw. kanonische Regressionsanalyse wird an dieser Stelle nicht weiter eingegangen, da es zu diesen Verfahren vergleichbare Veröffentlichungen gibt. Diskriminanzanalytische Verfahren behandeln wir zusammen mit weiteren Clusteranalysen als Weiterführung des Modells der mehrdimensionalen Varianzanalyse in einem zweitem Band ausführlich.

Die einzelnen Abschnitte sind in sich abgeschlossen und können deshalb unabhängig voneinander gelesen werden. Zu den meisten der hier vorgestellten Methoden gibt es inzwischen umfangreiche Literatur. Für die weitere Vertiefung findet der Leser am Ende jedes Kapitels eine Literaturliste. Besonders eingängige Einführungen sind mit einem Stern (*) versehen.

Die Dimensionierung der Variablen in den Programmen wird immer von der Speicherkapazität des jeweiligen Mikrocomputers abhängig sein und kann auf einfache Weise über die DIM-Anweisung angepaßt werden.

Aufstellung der Fachbereiche, aus denen die Beispiele zu den einzelnen Abschnitten entnommen sind:

Methode	Fachbereich
Faktorielle Varianz- und Kovarianzanalyse	Ingenieurwissenschaft, Biologie (Zoologie)
Mehrdimensionale Varianzanalyse	Geologie
Clusteranalyse	Biologie (Botanik)
Konfigurationsfrequenzanalysen	Sozialwissenschaft, Soziologie
Exploratorische Faktorenanalyse	Psychologie
Konfirmatorische Faktorenanalyse	Psychophysiologie

2 Mittelwertsvergleiche

Die Varianzanalyse wurde 1923 von R. A. Fisher entwickelt und ist heute eines der bekanntesten statistischen Test- und Analyseverfahren. Heute gibt es eine Vielzahl von Modellen und Forschungsdesigns (vgl. R. E. Kirk: Experimental Designs. Procedures for the Behavioral Sciences. Belmont 1968).

Bei der Varianzanalyse versucht man die Gesamtvarianz nach verschieden Quellen der Variation zu spalten. Es lassen sich vor allem auch Interaktionseffekte auf diese Weise numerisch nachweisen.

Eine kurze Einführung in die einfache Varianzanalyse gibt z.B. Hanns Ackermann (BASIC in der medizinischen Statistik. Braunschweig 1977, S.96 ff.). Die Varianzanalyse mit jeweils einer abhängigen und einer unabhängigen Variable wird deshalb hier nicht weiter behandelt. Auf die didaktisch sehr gute und umfangreichere Einführung in die Methoden der Varianzanalyse von E. Eimer (1978) sei an dieser Stelle hingewiesen.

In diesem Kapitel gehen wir auf drei Methoden des Mittelwertsvergleich ein: Faktorielle Varianz-, Kovarianz- und mehrdimensionale Varianzanalysen. Da es uns hier ausschließlich um die Vergleiche von Mittelwerten geht (Varianzanalysen mit festen Effekten) beschäftigen wir uns nicht weiter mit der Auswertung von Daten mit zufälligen Effekten.

2.1 Faktorielle VARIANZANALYSE

Als Einstieg in die Besprechung multivariater Methoden der Statistik wählen wir die 2-fache Varianzanalyse (p*q-fakto - rielle Varianzanalyse). Der 2-fachen Varianzanalyse liegt das folgende lineare Modell zugrunde:

$$X_{ijk} = \mu + \alpha_i + \beta_j + (\alpha\beta)_{ij} + \varepsilon_{ijk}$$

(1) (2) (3) (4) (5) (6)

Die Meßwerte X_{ijk} (1) der abhängigen Variable setzen sich demnach zusammen aus:

(2) dem Mittelwert als dem "wahren Wert", um den herum die Meßwerte streuen;

(3) den Abweichungen vom Mittelwert als Effekt der unabhängigen Variable A;

(4) den Abweichungen vom Mittelwert als Effekt der unabhängigen Variable B;

(5) den Abweichungen vom Mittelwert als Effekt der Wechselbeziehung zwischen den Variablen A und B;

(6) den unsystematischen Fehlern ε_{ijk}.

Bei der Varianzanalyse muß vorausgesetzt werden, daß die Werte der abhängigen Variablen in den Zellen dem Normalverteilungsmodell entsprechen. Trifft diese Voraussetzung nicht zu, kann versucht werden, durch eine Transformation der Daten (vgl. Linder & Berchtold 1982) doch noch die Grundlage für eine Varianzanalyse zu schaffen. Die Daten der abhängigen Variable müssen darüberhinaus unabhängig voneinander erhoben sein und aus Grundgesamtheiten mit gleicher Varianz entstammen.

Modell der Streuungszerlegung einer zweifachen Varianzanalyse (nach E. Eimer, 1978):

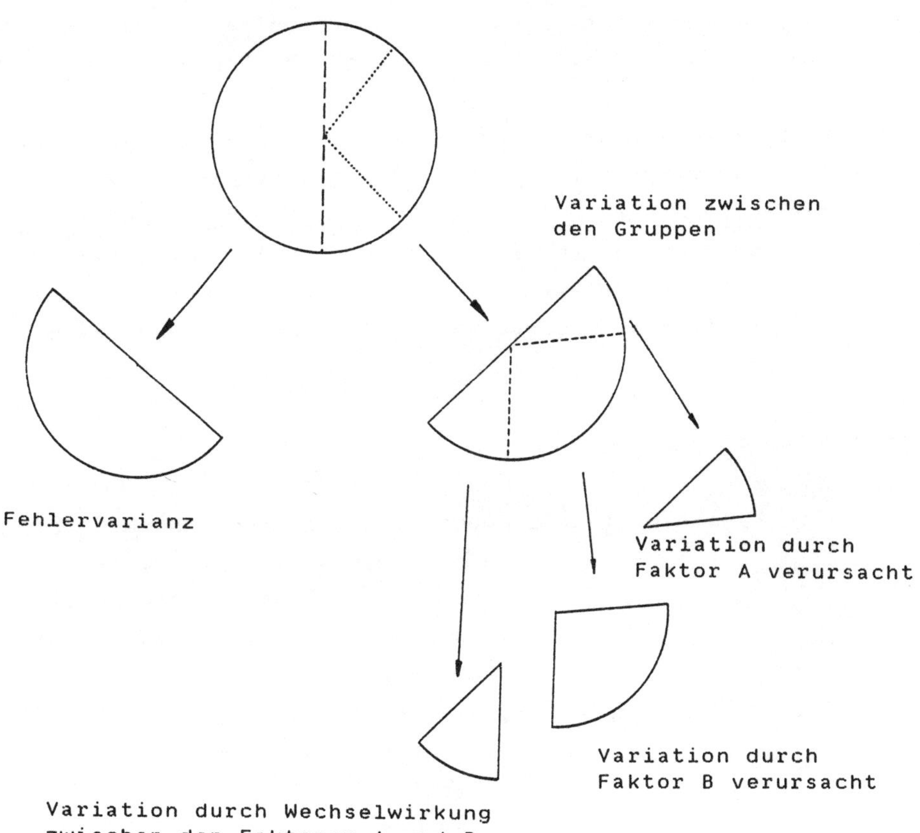

Mit der oben formulierten 2-fachen Varianzanalyse läßt sich der Einfluß von zwei unabhängigen Variablen (A und B) auf eine abhängige Variable untersuchen. Dabei können dreierlei Effekte auftreten:

1. Die unabhängige Variable A wirkt auf die abhängige Variable ein.
2. Die unabhängige Variable B wirkt auf die abhängige Variable ein.
3. Der Interaktionseffekt der unabhängigen Variablen A und B wirkt auf die abhängige Variable ein.

Zur statistischen Prüfung der drei Wirkungszusammenhänge werden Signifikanztests durchgeführt. Das Signifiganzniveau α der F-Tests wird für die Nullhypothesen $H_{0(A)}$, $H_{0(B)}$ und $H_{0(AB)}$ vor Beginn der Datenerhebung festgelegt (z.B.: $\alpha=0.05$). Der Bequemlichkeit halber werden die Signifikanzwerte im anschließenden Programm berechnet; die F-Werte sind dennoch ausgedruckt.

Für den Fall:

$p_A > \alpha$ gelte $H_{0(A)}$: Es besteht wahrscheinlich kein Einfluß der unabhängigen Variable A (in unserem Beispiel unten: Pferderasse) auf die abhängige Variable (im Beispiel: Geschwindigkeit);

$p_A > \alpha$ gelte $H_{0(B)}$: Es besteht wahrscheinlich kein Einfluß der unabhängigen Variable (in Beispiel: Fütterungsmethode) auf die abhängige Variable;

$p_{AB} > \alpha$ gelte $H_{0(AB)}$: Es besteht wahrscheinlich kein Wechselwirkungseffekt der unabhängigen Variablen A und B auf die abhängige Variable.

In allen diesen drei Fällen wird die Nullhypothese beibehalten. Für die Fälle:

$p_A \leq \alpha$	gelte $H_{1(A)}$:	Es besteht wahrscheinlich ein Effekt auf die abhängige Variable;
$p_B \leq \alpha$	gelte $H_{1(B)}$:	Variable B hat wahrscheinlich einen Effekt auf die abhängige Variable;
$p_{AB} \leq \alpha$	gelte $H_{1(AB)}$:	Mit der Wechselwirkung der Variablen A und B ist wahrscheinlich ein Effekt auf die abhängige Variable verbunden.

werden die Nullhypothesen verworfen und die Alternativhypothesen angenommen.

Anwendungsbeispiel

Ein Agraringenieur will wissen, ob die Art der üblichen Fütterungsmethode (Normalfutter, Normalfutter mit Leistungsfutterzugabe, Normalfutter mit Elektrolytzugabe) und/oder die eingesetzten Vollblutrasse (Araber, Berber, Engl. Vollblut, Irisches Vollblut) einen Einfluß auf die Höchstgeschwindigkeit der Tiere bei Pferderennen haben. Zur Prüfung seiner Hypothese legt er ein Signifikanzniveau von $\alpha = 0.05$ fest.

Die Fütterungsmethode sei die unabhängige Variable A,
die Pferderasse sei die unabhängige Variable B,
die Geschwindigkeit der Tiere wäre die abhängige Variable.

Datentabelle

Rasse (B) Futter- mittel (A)	Araber	Berber	Engl. Vollblut	Irisches Vollblut
Normal- futter	55,52, 61,46, 50,39, 58,47	60,52, 38,45, 37,40, 46,49	49,62, 53,47, 50,59, 43,60	55,65, 48,54, 50,59, 48,52
Normal- futter mit Leistungs- futterzugabe	56,50, 43,60, 54,53, 49,51	51,40, 43,55, 44,39, 45,59	47,61, 49,58, 39,64, 65,59	60,45, 47,69, 38,62, 59,63
Normal- futter mit Elektro- lytzusatz	45,51, 49,47, 42,53, 61,38	50,59, 38,47, 39,48, 51,55	59,59, 48,55, 51,37, 54,60	39,55, 61,54, 47,62, 48,59

Ergebnis

ANZAHL DER UNTERTEILUNGEN DER UNABH. VARIABLEN A (MAX. 10): 3
ANZAHL DER UNTERTEILUNGEN DER UNABH. VARIABLEN B (MAX. 5): 4
ANZAHL DER UNABH. MESSWIEDERHOLUNGEN PRO GRUPPE (MAX. 20): 8
GEKREUZTE ODER HIERARCHISCHE KLASSIFIZIERUNG (0 BZW. 1) 0
SIGNIFIKANZNIVEAU ALPHA: .05

MESSWERTE
****

A1, B1:	55.0	52.0	61.0	46.0	50.0	39.0	58.0	47.0
A1, B2:	60.0	52.0	38.0	45.0	37.0	40.0	46.0	49.0
A1, B3:	49.0	62.0	53.0	47.0	50.0	59.0	43.0	60.0
A1, B4:	55.0	65.0	48.0	54.0	50.0	59.0	48.0	52.0
A2, B1:	56.0	50.0	43.0	60.0	54.0	53.0	49.0	51.0
A2, B2:	51.0	40.0	43.0	55.0	44.0	39.0	45.0	59.0
A2, B3:	47.0	61.0	49.0	58.0	39.0	64.0	65.0	59.0
A2, B4:	60.0	45.0	47.0	69.0	38.0	62.0	59.0	63.0
A3, B1:	45.0	51.0	49.0	47.0	61.0	38.0	42.0	53.0
A3, B2:	50.0	59.0	38.0	47.0	51.0	55.0	39.0	48.0
A3, B3:	59.0	59.0	48.0	55.0	54.0	60.0	51.0	37.0
A3, B4:	39.0	55.0	61.0	54.0	48.0	59.0	47.0	62.0

MITTELWERTE
****

	B 1	B 2	B 3	B 4	INSGES.
A 1	51.000	45.875	52.875	53.875	50.9063
A 2	52.000	47.000	55.250	55.375	52.4063
A 3	48.250	48.375	52.875	53.125	50.6563
INSGES.	50.417	47.083	53.667	54.125	

VARIANZTAFEL (GEKREUZTE KLASSIFIZIERUNG)
****

QUELLE	QUADRAT-SUMMEN	FREIHEITS-GRADE	MITTLERE QUADRATE	F-QUOTIENT	P-WERT	SIGN
A	57.333	2	28.667	0.496	0.6163	N
B	771.365	3	257.122	4.450	0.0062	S
INT(AB)	79.167	6	13.194	0.228	0.9652	N
REST	4853.130	84	57.775			
GESAMT	5760.990	95	60.642			

Auf dem Signifikanzniveau von $\alpha = 0.05$

- besteht kein Zusammenhang zwischen der Laufgeschwindigkeit und der Fütterungsmethode. Die alternativen Fütterungsmethoden mit Normalfutter, Normalfutter plus Leistungsfutterzusatz und Normalfutter plus Elektrolytzusatz haben wahrscheinlich keinen Effekt auf die Laufgeschwindigkeit der Tiere, da

  $$p_A = 0.616 > \alpha = .05 \text{ (N)}.$$

- besteht ein Zusammenhang zwischen der Laufgeschwindigkeit und der Vollblutpferderasse. Die Rasse der Tiere entscheidet demnach deren Geschwindigkeit, da

  $$p_A = 0.006 < \alpha = .05 \text{ (S)}.$$

- besteht wahrscheinlich kein Wechselwirkungseffekt, da

  $$p_A = 0.228 > \alpha = .05 \text{ (N)}.$$

Aufgrund dieses Ergebnisses verzichtet man auf die Futterzusätze, da kein Effekt davon erwartet wird.

Verschiedene Autoren empfehlen, falls die Zellen unterschiedlich besetzt sind, zunächst zu versuchen, mit einer Zufallselimination einiger Daten proportionale Zellenfrequenzen herzustellen. Erst wenn das nicht möglich ist, sollte das Verfahren der ungewichteten Mittelwerte bei den fehlenden Werten eingesetzt werden.

Analog zum besprochenen 2-faktoriellen Modell läßt sich die 3-fache Varianzanalyse beschreiben:

$$X_{ijkl} = \mu + \alpha_i + \beta_j + \gamma_k + (\alpha\beta)_{ij} + (\alpha\gamma)_{ik} + (\beta\gamma)_{jk} +$$

$$+ (\alpha\beta\gamma)_{ijk} + \varepsilon_{ijkl}$$

ebenso die 4-fache, usw.

Berücksichtigt man alle möglichen Wechselwirkungseffekte (wie oben), handelt es sich um eine gekreuzte Varianzanalyse. Das beigefügte BASIC-Programm berechnet auch die hierarchische Varianzanalyse nach dem Modell:

$$X_{ijk} = \mu + \alpha_i + \beta_{(i)j} + \varepsilon_{ijk} .$$

Tafel zur p*q-faktoriellen Varianzanalyse

Variations-quelle	Quadratsumme QS	Freiheitsgrad FG	Mittleres Quadrat MQ	F-Werte
Faktor A	QS_a	$p-1$	$MQ_a = QS_a/(p-1)$	MQ_a/MQ_f
Faktor B	QS_b	$q-1$	$MQ_b = QS_b/(q-1)$	MQ_b/MQ_f
Faktor AB	QS_{ab}	$(p-1)(q-1)$	$MQ_{ab} = QS_{ab}/(p-1)(q-1)$	MQ_{ab}/MQ_f
Fehler(Rest)	QS_f	$pq(n-1)$		
Summe	$\Sigma\ QS_*$	$pqn-1$		

Programm (11165 Bytes)

```
10 REM * ZWEIFACHE VARIANZANALYSE * T. CHEAIB - C.-M. HAF *
20 DIM X(10,5,20),X1(10),X2(5),X9(10,5),Q(6),D(6),S(6),F(4),
      S$(6),P$(4),P1(4)
30 READ S$(1),S$(2),S$(3),S$(4),S$(5),S$(6),Y
40 DATA "A","B","INT(AB)","B(A)","REST","GESAMT",0
50 D$="---------------------------------------"
60 D$=D$+D$
70 A0$="ANZAHL DER "
80 PRINT "              *****************************************"
90 PRINT "              *      P*Q-FAKTORIELLE VARIANZANALYSE     *"
100 PRINT"              *****************************************"
110 PRINT
120 REM - GEKREUZTE BZW. HIERARCHISCHE 2-FACHE KLASSIFIZIERUNG
130 READ N1,N2,N3,N9,A9
140 PRINT A0$;"UNTERTEILUNGEN DER UNABH. VARIABLEN A";
          "(MAX. 10):";N1
150 PRINT A0$;"UNTERTEILUNGEN DER UNABH. VARIABLEN B";
          "(MAX. 5):";N2
160 PRINT A0$;"UNABH. MESSWIEDERHOLUNGEN PRO GRUPPE";
          "(MAX. 20):";N3
170 IF N1=<10 AND N2=<5 AND N3=<20 THEN 200
180 PRINT "  +++ PARAMETER ZU GROSS"
190 GOTO 1870
200 REM --- SCHALTER N9: N9=0 GEKREUZTE, N9=1 GENISTETE
210 PRINT "GEKREUZTE ODER HIERARCHISCHE KLASSIFIZIERUNG";
      "(0 BZW. 1)";N9
220 PRINT "SIGNIFIKANZNIVEAU ALPHA:";A9
230 REM --- LESEN DER DATEN UND WERTE MIT NULL VORBESETZEN
240 PRINT
250 PRINT
260 PRINT "          MESSWERTE"
270 PRINT "          *********"
280 PRINT
290 FOR I=1 TO N1
300   X1(I)=0
310   FOR J=1 TO N2
320       X2(J)=0
330       X9(I,J)=0
340       PRINT "   A";I;", B";J;": ";
350       FOR K=1 TO N3
360           READ X(I,J,K)
370           PRINT USING" ####.#";X(I,J,K);
380           GOSUB 1840
390       NEXT K
400       PRINT
410   NEXT J
420 NEXT I
430 FOR I=1 TO 6
440   Q(I)=0
450 NEXT I
460 REM --- BERECHNUNG ALLER MITTELWERTE
470 FOR I=1 TO N1
480   FOR J=1 TO N2
490       FOR K=1 TO N3
```

```
500                    X9(I,J)=X9(I,J)+X(I,J,K)
510             NEXT K
520             X9(I,J)=X9(I,J)/N3
530             X1(I)=X1(I)+X9(I,J)
540    NEXT J
550    X1(I)=X1(I)/N2
560 NEXT I
570 FOR J=1 TO N2
580    FOR I=1 TO N1
590             X2(J)=X2(J)+X9(I,J)
600    NEXT I
610    X2(J)=X2(J)/N1
620    Y=Y+X2(J)
630 NEXT J
640 Y=Y/N2
650 REM --- BERECHNUNG DER QUADRATSUMMEN
660 FOR I=1 TO N1
670    Q(1)=Q(1)+(X1(I)-Y)^2
680    FOR J=1 TO N2
690             Q(3)=Q(3)+(X9(I,J)+Y-X1(I)-X2(J))^2
700             FOR K=1 TO N3
710                    Q(5)=Q(5)+(X(I,J,K)-X9(I,J))^2
720                    Q(6)=Q(6)+(X(I,J,K)-Y)^2
730             NEXT K
740    NEXT J
750 NEXT I
760 FOR J=1 TO N2
770    Q(2)=Q(2)+(X2(J)-Y)^2
780 NEXT J
790 Q(1)=Q(1)*N2*N3
800 Q(2)=Q(2)*N1*N3
810 Q(3)=Q(3)*N3
820 Q(4)=Q(2)+Q(3)
830 REM --- FREIHEITSGRADE
840 D(1)=N1-1
850 D(2)=N2-1
860 D(3)=D(1)*D(2)
870 D(4)=D(2)+D(3)
880 D(5)=N1*N2*(N3-1)
890 D(6)=N1*N2*N3-1
900 REM --- MITTLERE QUADRATE
910 FOR I=1 TO 6
920    S(I)=Q(I)/D(I)
930 NEXT I
940 REM --- F-QUOTIENTEN UND SIGNIFIKANZEN BERECHNEN
950 F2=D(5)
960  FOR I=1 TO 4
970     F(I)=S(I)/S(5)
980     P$(I)="S"
990     F1=D(I)
1000     F5=F(I)
1010     GOSUB 1630
1020     P1(I)=P
1030    IF P>A9 THEN LET P$(I)="N"
1040 NEXT I
1050 REM --- AUSGABE
```

```
1060 PRINT
1070 PRINT "    MITTELWERTE"
1080 PRINT "    ***********"
1090 PRINT
1100 FOR J=1 TO N2
1110   PRINT TAB(2+J*10);"B";J;
1120 NEXT J
1130 PRINT TAB(65);"INSGES."
1140 PRINT D$
1150 FOR I=1 TO N1
1160   PRINT "A";I;
1170   FOR J=1 TO N2
1180         PRINT TAB(J*10);USING"####.###";X9(I,J);
1190   NEXT J
1200   PRINT TAB(64);X1(I)
1210 NEXT I
1220 PRINT D$
1230 PRINT "INSGES.";
1240 FOR J=1 TO N2
1250   PRINT TAB(J*10);USING"####.###";X2(J);
1260 NEXT J
1270 PRINT
1280 PRINT
1290 PRINT
1300 IF N9=0 THEN PRINT "    VARIANZTAFEL (GEKREUZTE";
     "KLASSIFIZIERUNG)"
1310 IF N9<>0 THEN PRINT "    VARIANZTAFEL (HIERARCHISCHE";
     "KLASSIFIZIERUNG)"
1320 PRINT "    ************"
1330 PRINT
1340 PRINT "QUELLE    QUADRAT-  FREIHEITS-   MITTLERE";
1350 PRINT "    F-QUOTIENT   P-        SIGN."
1360 PRINT "              SUMMEN    GRADE        QUADRATE";
     "              WERT"
1370 PRINT D$
1380 FOR I=1 TO 4
1390   IF I=1 THEN 1440
1400   IF I=4 THEN 1430
1410   IF N9<>0 THEN 1460
1420   GOTO 1440
1430   IF N9=0 THEN 1460
1440   PRINT S$(I);TAB(9);USING" #####.### & ####";Q(I);
       "         ";D(I);
1450   PRINT USING" ######.###    ######.### ###.####    &";
       S(I);F(I);P1(I);P$(I)
1460 NEXT I
1470 FOR I=5 TO 6
1480   PRINT S$(I);TAB(9);USING" #####.### & ####";Q(I);
       "         ";D(I);
1490   PRINT USING" ######.###  ";S(I)
1500 NEXT I
1510 GOTO 1870
1520 REM --- DATEN
1530 DATA 3,4,8,0,.05
1540 REM --- UNTERTEILUNG A(1),B(1 BIS 4)
1550 DATA 55,52,61,46,50,39,58,47,60,52,38,45,37,40,46,49
```

```
1560 DATA 49,62,53,47,50,59,43,60,55,65,48,54,50,59,48,52
1570 REM --- A(2),B(1 BIS 4)
1580 DATA 56,50,43,60,54,53,49,51,51,40,43,55,44,39,45,59
1590 DATA 47,61,49,58,39,64,65,59,60,45,47,69,38,62,59,63
1600 REM --- A(3),B(1 BIS 4)
1610 DATA 45,51,49,47,61,38,42,53,50,59,38,47,51,55,39,48
1620 DATA 59,59,48,55,54,60,51,37,39,55,61,54,48,59,47,62
1630 REM *** SUBPROG SIGNIFIKANZEN
1640 P=1
1650 IF F1<>0 AND F2<>0 AND F5<>0 THEN 1680
1660 PRINT "FEHLER: DIVISION DURCH NULL"
1670 GOTO 1830
1680 IF F5<1 THEN 1730
1690 A=F1
1700 B=F2
1710 F=F5
1720 GOTO 1760
1730 A=F2
1740 B=F1
1750 F=1/F5
1760 A2=2/(9*A)
1770 B2=2/(9*B)
1780 Z=ABS(((1-B2)*F^.333333-1+A2)/SQR(B2*F^.666667+A2))
1790 IF B>=4 THEN 1810
1800 Z=Z*(1+.08*Z^4/B^3)
1810 P=.5/(1+Z*(.196854+Z*(.115194+Z*(.000344+Z*.0195227))))^4
1820 IF F5<1 THEN LET P=1-P
1830 RETURN
1840 REM *** UP NEW LINE
1850 IF K-INT(K/10)*10=0 THEN PRINT
1860 RETURN
1870 END
```

2.2 Faktorielle KOVARIANZANALYSE

Ist zu erwarten, daß die Fehlervarianz durch eine kontrollierbare Variable reduziert werden könnte, wäre es besser, eine erweiterte Varianzanalyse, wie sie die Kovarianzanalyse darstellt, einzusetzen. Mit Hilfe der Kovarianzanalyse läßt sich der Einfluß einer Kontrollvariablen prüfen, ohne eine größere Objektstichprobe ziehen zu müssen. Der Einfluß der Kontrollvariablen läßt sich eleminieren. Wählen wir noch einmal unser Anwendungsbeispiel der zweifachen Varianzanalyse: Als Einflußvariable auf die Höchstgeschwindigkeit der Vollblüter wurden die Fütterungsmethode (Faktor A) und die Rasse der Tiere (Faktor B) untersucht. Das Ergebnis dieser Studie gilt aber nur für den Fall vergleichbarer Randbedingungen. Ein beachtlicher Teil der Fehlervarianz könnte sich z.B. daraus ergeben, daß die Pferde unterschiedliches Alter hatten. Die Höchstgeschwindigkeit eines älteren Tieres dürfte entsprechend niedriger liegen. Aus dem Unterschied der Gesamtquadratsummen von Varianz- und Kovarianzanalyse an der Gesamtvariabilität errechnet sich der Anteil der Höchstgeschwindigkeit auf Grund der Altersunterschiede der Tiere. Nach dem Herauspartialisieren des Varianzteils aufgrund des Alters läßt sich die Kovarianzanalyse genauso interpretieren wie vorher die Varianzanalyse.

Modell der Streuungszerlegung einer zweifachen Kovarianzanalyse (frei nach E. Eimer, 1978):

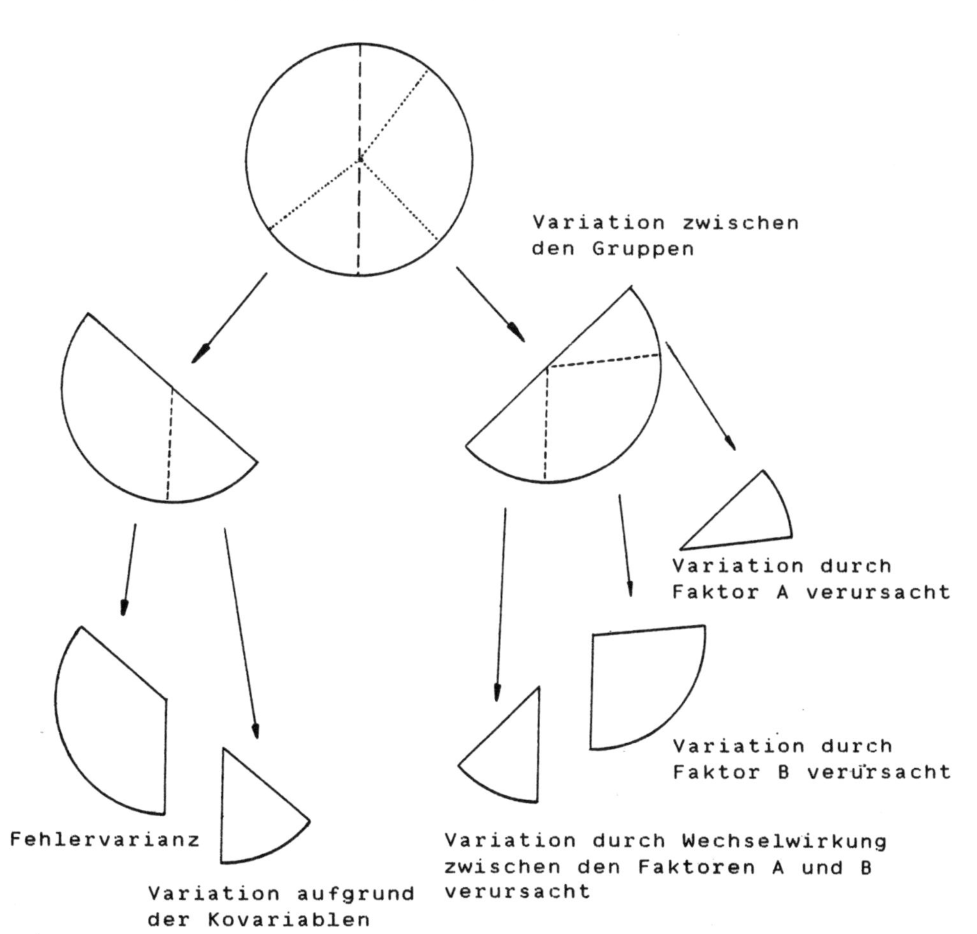

Für die Kovarianzanalyse eines 2-faktoriellen Experiments gilt als allgemeines lineares Modell:

$$y_{ijk} = \mu + \alpha_j + \beta_k + (\alpha\beta)_{jk} + \beta(X_{ijk} - \overline{X}) + \varepsilon_{ijk}$$

Nach der Korrektur erhalten wir wieder die bekannte Varianzgleichung:

$$y_{ijk}^{kor} = y_{ijk} - \beta(X_{ijk} - \overline{X}) = \mu + \alpha_j + \beta_k + (\alpha\beta)_{jk} + \varepsilon_{ijk}$$

β = Steigung der Regressiongeraden der Effektvariablen Y gegenüber der Kovaribalen X;

μ = allgemeines Mittel;

α_j = Effekt der j-ten Stufe des Faktors A;

β_k = Effekt der k-ten Stufe des Faktors B;

$\alpha\beta_{jk}$ = Interaktionseffekt;

ε_{ijk} = unsystematischer Fehler.

Nach Ausschluß der Kovariablen lassen sich wie bei der Varianzanalyse u.U. wieder drei Effekte feststellen:

1. Variable A hat einen Effekt auf die abhängige Variable,
2. Variable B hat einen Effekt auf die abhängige Variable,
3. Der Interaktionseffekt der Variablen A und B wirkt auf die abhängige Variable,

wenn gilt: $p_A \leqslant \alpha$; $p_B \leqslant \alpha$; $p_{AB} \leqslant \alpha$.

Dafür werden die Nullhypothesen geprüft:

$H_{0(A)} : \mu_{1.} = \mu_{2.} = \ldots \mu_{p.}$ (Gleichheit der Wirkungen des Faktors A auf allen p Stufen)

$H_{0(B)} : \mu_{.1} = \mu_{.2} = \ldots \mu_{.q}$ (Gleichheit der Wirkungen des Faktors B auf allen q Stufen)

$H_{0(AB)} : \mu_{11} = \ldots = \mu_{ij} = \ldots \mu_{pq}$
(Gleichheit der Wechselwirkungen

der Faktoren A und B auf allen möglichen Stufen)

Falls: $p_A > \alpha$; $p_B > \alpha$; $p_{AB} > \alpha$ können die Nullhypothesen verworfen und die Alternativhypothesen angenommen werden.

Die Alternativhypothesen lauten:

$H_{1(A)}$: Nicht alle $\mu_{i.}$ sind gleich,
$H_{1(B)}$: Nicht alle $\mu_{.j}$ " " ,
$H_{1(AB)}$: Nicht alle μ_{ij} " " .

A,B Faktorvariable in p,q Faktorstufen

X Kovariable

Y Effektvariable

A_i, B_j -Zellen enthalten die Zufallstichprobengröße von n_{ij}

Für jedes Untersuchungsobjekt o ($o = 1,...,n_{ij}$) gibt es x_{ijo} Meßwerte zur Kovariablen X und y_{ijo} Meßwerte zur Effektvariablen Y.

Anwendungsbeispiel

Der Futtermittelhersteller gibt dem Agraringenieur (s. Kap. 2.1) zu bedenken, daß die Geschwindigkeitsunterschiede der Pferde vielleicht erst dann nachweisbar sind, wenn man das Alter der Pferde berücksichtigt:

Y = Geschwindigkeit in km/h,
X = Alter in Jahren.

Datentabelle

Rasse (B) / Futter-mittel (A)	Araber		Berber		Engl. Vollblut		Irisches Vollblut	
	Y	X	Y	X	Y	X	Y	X
Normal-futter	55	4	60	3	49	3	55	5
	52	7	52	9	62	5	65	4
	61	5	38	10	53	8	48	9
	46	10	45	7	47	11	54	7
	50	6	37	8	50	4	50	10
	39	12	40	5	59	7	59	3
	58	4	46	6	43	9	48	6
	47	8	49	4	60	5	52	5
Normal-futter mit Leistungs-futterzugabe	56	6	51	7	47	5	60	3
	50	3	40	10	61	3	45	8
	43	9	43	9	49	9	47	8
	60	7	55	4	48	7	69	3
	54	4	44	6	39	12	38	10
	53	8	39	6	64	4	62	5
	49	9	45	5	65	3	59	4
	51	5	59	3	59	4	63	6
Normal-futter mit Elektro-lytzusatz	45	9	50	5	59	3	39	8
	51	5	59	4	59	4	55	5
	45	8	38	10	48	12	51	3
	47	7	47	9	55	7	54	5
	42	8	39	7	51	8	47	9
	53	3	48	8	37	10	62	4
	61	4	51	5	54	6	48	6
	38	6	55	4	60	5	59	3

Ergebnis

```
ANZAHL DER UNTERTEILUNGEN DER UNABH. VARIABLEN A (MAX. 7): 3
ANZAHL DER UNTERTEILUNGEN DER UNABH. VARIABLEN B (MAX. 7): 4
ANZAHL DER UNABH. MESSWIEDERHOLUNGEN PRO GRUPPE (MAX. 14): 8
SIGNIFIKANZNIVEAU ALPHA: .05

   MESSWERTE
   *********

             Y             X                   Y            X
------------------------------------------------------------------
A1, B1:    55.000        4.000     A1, B2:   60.000        3.000
           52.000        7.000               52.000        9.000
           61.000        5.000               38.000       10.000
           46.000       10.000               45.000        7.000
           50.000        6.000               37.000        8.000
           39.000       12.000               40.000        5.000
```

	58.000	4.000		46.000	6.000
	47.000	8.000		49.000	4.000
A1, B3:	49.000	3.000	A1, B4:	55.000	5.000
	62.000	5.000		65.000	4.000
	53.000	8.000		48.000	9.000
	47.000	11.000		54.000	7.000
	50.000	4.000		50.000	10.000
	59.000	7.000		59.000	3.000
	43.000	9.000		48.000	6.000
	60.000	5.000		52.000	5.000
A2, B1:	56.000	6.000	A2, B2:	51.000	7.000
	50.000	3.000		40.000	10.000
	43.000	9.000		43.000	9.000
	60.000	7.000		55.000	4.000
	54.000	4.000		44.000	6.000
	53.000	8.000		39.000	6.000
	49.000	9.000		45.000	5.000
	51.000	5.000		59.000	3.000
A2, B3:	47.000	5.000	A2, B4:	60.000	3.000
	61.000	3.000		45.000	8.000
	49.000	9.000		47.000	8.000
	58.000	7.000		69.000	3.000
	39.000	12.000		38.000	10.000
	64.000	4.000		62.000	5.000
	65.000	3.000		59.000	4.000
	59.000	4.000		63.000	6.000
A3, B1:	45.000	9.000	A3, B2:	50.000	5.000
	51.000	5.000		59.000	4.000
	49.000	8.000		38.000	10.000
	47.000	7.000		47.000	9.000
	42.000	8.000		39.000	7.000
	53.000	3.000		48.000	8.000
	61.000	4.000		51.000	5.000
	38.000	6.000		55.000	4.000
A3, B3:	59.000	3.000	A3, B4:	39.000	8.000
	59.000	4.000		55.000	5.000
	48.000	12.000		61.000	3.000
	55.000	7.000		54.000	5.000
	51.000	8.000		47.000	9.000
	37.000	10.000		62.000	4.000
	54.000	6.000		48.000	6.000
	60.000	5.000		59.000	3.000

VARIANZTAFEL
****

QUELLE	QUADRAT-SUMMEN	FREIHEITS-GRADE	MITTLERE QUADRATE	F-QUOTIENT	P-WERT	SIGN
A	2.112	2	1.056	0.330	0.7247	N
B	28.873	3	9.624	3.008	0.0341	S
INT(AB)	14.497	6	2.416	0.755	0.6089	N
REST	265.561	83	3.200			
GESAMT	311.044	94	16.296			

Die Einbeziehung der Kovariable "Alter" verändert die Ergebnisse der Datenanalyse nicht mehr. Das teure Spezialfutter wird folglich abgesetzt.

Programm (14058 Bytes)

```
10 REM * KOVARIANZANALYSE * T. CHEAIB - C.-M. HAF *
20 DIM Y(7,7,14),X(7,7,14),A5(7,7),A0(7),A1(7),A6(7,7),B0(7),
      B1(7)
30 DIM Q(5),D(5),Z(3,4),S$(5)
40 READ S$(1),S$(2),S$(3),S$(4),S$(5),A0$
50 READ G0,G1,Y1,Y2,Y3,Y4,Y5,X1,X2,X3,X4,X5,Z1,Z2,Z3,Z4,Z5
60 DATA "A","B","INT(AB)","REST","GESAMT","ANZAHL DER "
70 DATA 0,0,0,0,0,0,0,0,0,0,0,0,0,0,0,0,0
80 PRINT TAB(20);"**********************************"
90 PRINT TAB(20);"*           KOVARIANZANALYSE        *"
100 PRINT TAB(20);"**********************************"
110 PRINT
120 READ N1,N2,N3,A9
130 PRINT A0$;"UNTERTEILUNGEN DER UNABH. VARIABLEN A";
         " (MAX. 7):";N1
140 PRINT A0$;"UNTERTEILUNGEN DER UNABH. VARIABLEN B";
         " (MAX. 7):";N2
150 PRINT A0$;"UNABH. MESSWIEDERHOLUNGEN PRO GRUPPE";
         " (MAX. 14):";N3
160 IF N1=<10 AND N2=<10 AND N3=<20 THEN 190
170 PRINT "    PARAMETER ZU GROSS"
180 GOTO 1890
190 N=N1*N2*N3
200 PRINT "SIGNIFIKANZNIVEAU ALPHA:";A9
210 REM --- LESEN DER DATEN UND FELDER MIT NULL VORBESETZEN
220 PRINT
230 PRINT
240 PRINT "                    MESSWERTE"
250 PRINT "                    *********"
260 PRINT
270 PRINT TAB(14);" Y                    X"
```

```
280 L$="   --------------------"
290 FOR I=1 TO N1
300   A0(I)=0
310   A1(I)=0
320   FOR J=1 TO N2
330         A5(I,J)=0
340         A6(I,J)=0
350         B0(J)=0
360         B1(J)=0
370         PRINT TAB(14);L$
380         PRINT "    A";I;", B";J;": ";
390         T1=16
400         FOR K=1 TO N3
410                READ Y(I,J,K),X(I,J,K)
420                PRINT TAB(T1);USING"####.###      ";
                         Y(I,J,K);X(I,J,K)
430         NEXT K
440   NEXT J
450 NEXT I
460 REM --- SUMMEN
470 FOR I=1 TO N1
480   FOR J=1 TO N2
490         FOR K=1 TO N3
500                A5(I,J)=A5(I,J)+Y(I,J,K)
510                A6(I,J)=A6(I,J)+X(I,J,K)
520         NEXT K
530         G0=G0+A5(I,J)
540         G1=G1+A6(I,J)
550         A0(I)=A0(I)+A5(I,J)
560         B0(I)=B0(I)+A6(I,J)
570   NEXT J
580 NEXT I
590 FOR J=1 TO N2
600   FOR I=1 TO N1
610         A1(J)=A1(J)+A5(I,J)
620         B1(J)=B1(J)+A6(I,J)
630   NEXT I
640 NEXT J
650 Y1=G0^2/N
660 X1=G1^2/N
670 Z1=G0*G1/N
680 FOR I=1 TO N1
690   Y3=Y3+A0(I)^2
700   X3=X3+B0(I)^2
710   Z3=Z3+A0(I)*B0(I)
720   FOR J=1 TO N2
730         Y5=Y5+A5(I,J)^2
740         X5=X5+A6(I,J)^2
750         Z5=Z5+A5(I,J)*A6(I,J)
760         FOR K=1 TO N3
770                Y2=Y2+Y(I,J,K)^2
780                X2=X2+X(I,J,K)^2
790                Z2=Z2+Y(I,J,K)*X(I,J,K)
800         NEXT K
810   NEXT J
820 NEXT I
```

```
830 Y3=Y3/(N2*N3)
840 X3=X3/(N2*N3)
850 Z3=Z3/(N2*N3)
860 FOR J=1 TO N2
870   Y4=Y4+A1(J)^2
880   X4=X4+B1(J)^2
890   Z4=Z4+A1(J)*B1(J)
900 NEXT J
910 Y4=Y4/(N1*N3)
920 X4=X4/(N1*N3)
930 Z4=Z4/(N1*N3)
940 Y5=Y5/N3
950 X5=X5/N3
960 Z5=Z5/N3
970 REM --- QUADRATSUMMEN
980 Z(1,1)=Y3-Y1
990 Z(1,2)=Y4-Y1
1000 Z(1,3)=Y5-Y3-Y4+Y1
1010 Z(1,4)=Y2-Y5
1020 Z(2,1)=Z3-Z1
1030 Z(2,2)=Z4-Z1
1040 Z(2,3)=Z5-Z3-Z4+Z1
1050 Z(2,4)=Z2-Z5
1060 Z(3,1)=X3-X1
1070 Z(3,2)=X4-X1
1080 Z(3,3)=X5-X3-X4+X1
1090 Z(3,4)=X2-X5
1100 REM --- KORRIGIERTE QUADRATSUMMEN
1110 Q(4)=Z(3,4)-(Z(2,4)^2/Z(1,4))
1120 FOR I=1 TO 3
1130   Q(I)=Z(3,I)+Z(3,4)-((Z(2,I)+Z(2,4))^2/
          (Z(1,I)+Z(1,4)))-Q(4)
1140 NEXT I
1150 Q(5)=Q(1)+Q(2)+Q(3)+Q(4)
1160 REM --- FREIHEITSGRADE
1170 D(1)=N1-1
1180 D(2)=N2-1
1190 D(3)=D(1)*D(2)
1200 D(4)=N-N1*N2-1
1210 D(5)=N-2
1220 REM --- MITTLERE QUADRATE
1230 FOR I=1 TO 4
1240   S(I)=Q(I)/D(I)
1250 NEXT I
1260 S(5)=S(1)+S(2)+S(3)+S(4)
1270 REM --- F-QUOTIENTEN, SIGNIFIKANZEN UND AUSGABE
1280 PRINT
1290 PRINT
1300 PRINT "VARIANZTAFEL"
1310 PRINT "************"
1320 PRINT
1330 PRINT "QUELLE    QUADRAT-  FREIHEITS-    MITTLERE";
1340 PRINT "   F-QUOTIENT   P-WERT   SIGN."
1350 PRINT TAB(11);"SUMMEN    GRADE          QUADRATE"
1360 L$="-----------------------------------"
1370 L$=L$+L$
```

```
1380 PRINT L$
1390 F2=D(4)
1400 FOR I=1 TO 3
1410   F5=S(I)/S(4)
1420   P$="S"
1430   F1=D(I)
1440   GOSUB 1680
1450   IF P>A9 THEN LET P$="N"
1460   PRINT S$(I);TAB(9);USING" #####.### & ####";Q(I);
          "       ";D(I);
1470   PRINT USING" ######.###    ######.### ###.####    &";
          S(I);F5;P;P$
1480 NEXT I
1490 FOR I=4 TO 5
1500   PRINT S$(I);TAB(9);USING" #####.### & ####";Q(I);
          "       ";D(I);
1510   PRINT USING" ######.###  ";S(I)
1520 NEXT I
1530 GOTO 1890
1540 REM --- DATEN
1550 DATA 3,4,8,.05
1560 DATA 55,4,52,7,61,5,46,10,50,6,39,12,58,4,47,8    :'A1,B1
1570 DATA 60,3,52,9,38,10,45,7,37,8,40,5,46,6,49,4     :'A1,B2
1580 DATA 49,3,62,5,53,8,47,11,50,4,59,7,43,9,60,5     :'A1,B3
1590 DATA 55,5,65,4,48,9,54,7,50,10,59,3,48,6,52,5     :'A1,B4
1600 DATA 56,6,50,3,43,9,60,7,54,4,53,8,49,9,51,5      :'A2,B1
1610 DATA 51,7,40,10,43,9,55,4,44,6,39,6,45,5,59,3     :'A2,B2
1620 DATA 47,5,61,3,49,9,58,7,39,12,64,4,65,3,59,4     :'A2,B3
1630 DATA 60,3,45,8,47,8,69,3,38,10,62,5,59,4,63,6     :'A2,B4
1640 DATA 45,9,51,5,49,8,47,7,42,8,53,3,61,4,38,6      :'A3,B1
1650 DATA 50,5,59,4,38,10,47,9,39,7,48,8,51,5,55,4     :'A3,B2
1660 DATA 59,3,59,4,48,12,55,7,51,8,37,10,54,6,60,5    :'A3,B3
1670 DATA 39,8,55,5,61,3,54,5,47,9,62,4,48,6,59,3      :'A3,B4
1680 REM *** SUBPROG SIGNIFIKANZEN
1690 P=1
1700 IF F1<>0 AND F2<>0 AND F5<>0 THEN 1730
1710 PRINT "FEHLER: DIVISION DURCH NULL"
1720 GOTO 1880
1730 IF F5<1 THEN 1780
1740 A=F1
1750 B=F2
1760 F=F5
1770 GOTO 1810
1780 A=F2
1790 B=F1
1800 F=1/F5
1810 A2=2/(9*A)
1820 B2=2/(9*B)
1830 Z=ABS(((1-B2)*F^.333333-1+A2)/SQR(B2*F^.666667+A2))
1840 IF B>=4 THEN 1860
1850 Z=Z*(1+.08*Z^4/B^3)
1860 P=.5/(1+Z*(.196854+Z*(.115194+Z*(.000344+Z*.0195227))))^4
1870 IF F5<1 THEN LET P=1-P
1880 RETURN
1890 END
```

Tafel zur p*q-faktoriellen Kovarianzanalyse

Variations- quelle	Quadratsumme QS	Freiheitsgrad FG	Mittleres Quadrat MQ	F-Werte
Faktor A	QS'_a	p-1	$MQ'_a = QS'_a/(p-1)$	MQ'_a/MQ'_f
Faktor B	QS'_b	q-1	$MQ'_b = QS'_b/(q-1)$	MQ'_b/MQ'_f
Faktor AB	QS_{ab}'	(p-1)(q-1)	$MQ_{ab}' = QS_{ab}'/(p-1)(q-1)$	MQ_{ab}'/MQ'_f
Fehler(Rest)	QS'_f	pq(n-1)-1		
Summe	$\Sigma\ QS'_*$	pqn-2		

2.3 MEHRDIMENSIONALE VARIANZANALYSE

In diesem Abschnitt wird das Verfahren für multivariate Mittelwertsvergleiche dargestellt, das eine Untersuchung von Gruppenunterschieden bei Berücksichtigung mehrerer untereinander abhängiger Merkmale ermöglicht.

Die vorher beschriebene zweifache bzw. mehrfache Varianzanalyse verarbeitet bei einer abhängigen Variable zwei bzw. mehrere unabhängige Merkmale. Sie ist hinsichtlich der unabhängigen Variablen als multivariates Modell zu verstehen. Mit der mehrdimensionalen Varianzanalyse können nun auch mehrere voneinander abhängige Merkmale gleichzeitig analysiert werden. Die Anwendung einer Vielzahl von t-Tests oder univariater Varianzanalysen bei abhängigen Variablen läßt es nämlich nicht zu, Aussagen über die Fehler erster und zweiter Art zu machen. Darüberhinaus nimmt man sich mit einem solchen "Durchtesten" aller Merkmalspaare hintereinander die Chance, Erkenntnisse über einen ganzen Merkmalskomplex zu gewinnen.

Ausgangspunkt bei der mehrdimensionalen Varianzanalyse sind die abhängigen Variablen als Vektorvariablen. Die abhängige Vektorvariable sei multivariat normalverteilt (Voraussetzung) mit derselben Streuung für jede Stichprobe. Morrison (1976) und Mardia (1979) gehen ausführlich auf diese Voraussetzung ein.

Das lineare Modell der mehrdimensionalen Varianzanalyse:

$$\mathbf{X}_{ki} = \mathbf{m} + (\mathbf{m}^{(k)} - \mathbf{m}) + (\mathbf{X}_{ki} - \mathbf{m}^{(k)})$$

$\mathbf{X}_{ki}$ = die abhängige Vektorvariable für den i-ten Fall in der k-ten Gruppe $(k=1,2,...,g)$

$\mathbf{m}$ = Gesamtmittelwertsvektor

$\mathbf{m}^{(k)}$ = Mittelwertsvektor der Gruppe k

Subtrahiert man den Gesamtvektor aus der Gleichung, so verbleibt:

$$x_{ki} = X_{ki} - m$$

wir erhalten dann:

$$x_{ki} = \underset{\text{Abweichungs-effekt}}{(m^{(k)} - m)} + \underset{\text{Fehlereffekt}}{(X_{ki} - m^{(k)})}$$

Summiert man über alle Einheiten der Gesamtstichprobe die Abweichungsquadrate und -produkte (squares und crossproducts), gelangt man zum sogenannten "Fundamental-Theorem" der multivariaten Varianzanalyse:

$$\sum_{k=1}^{g} \sum_{i=1}^{N_k} x_{ki} * x_{ki}' = \sum_{k=1}^{g} \sum_{i=1}^{N_k} (m^{(k)} - m) * (m^{(k)} - m)' + \sum_{k=1}^{g} \sum_{i=1}^{N_k} (X_{ki} - m^{(k)}) * (X_{ki} - m^{(k)})'$$

(' steht für die transponierte Matrix)

Betrachten wir jeden Term einzeln:

$$\sum_{k=1}^{g} \sum_{i=1}^{N_k} x_{ki} * x_{ki}' = \sum_{k=1}^{g} \sum_{i=1}^{N_k} (X_{ki} - m) * (X_{ki} - m)' = T$$

Die Matrix T steht für "total" und beschreibt die Abweichungsquadrate und -produkte aller Einheiten des Gesamtmittelwertsvektors.

$$\sum_{k=1}^{g} \sum_{i=1}^{N_k} (m^{(k)} - m) * (m^{(k)} - m)' = B$$

Matrix B(between) enthält die Abweichunsquadrate und -produkte aller Einheiten der Mittelwertsvektoren zum Gesamtmittelwertsvektor.

$$\sum_{k=1}^{g} \sum_{i=1}^{N_k} (X_{ki} - m^{(k)}) * (X_{ki} - m^{(k)}) = W$$

Matrix **W**(within) enthält alle Abweichungsquadrate und -produkte der Merkmalsausprägung zum Stichprobenmittelwertsvektor.

Damit läßt sich das Fundamentaltheorem der multivariaten Varianzanalyse kürzer schreiben:

$$\mathbf{T} = \mathbf{B} + \mathbf{W}$$

1. **Streuungstest:**

Eine (wenn auch nicht hinreichende) Voraussetzung für die multivariate Normalverteilung ist die Streuungsgleichheit. Cooley, W. & P. Lohnes schlagen nach Barlett und Box vor, zumindest diese Voraussetzung vor dem eigentlichen Test auf Gleichheit der Mittelwerte abzuprüfen. Stellt man fest, daß sich die untersuchten Streuungen signifikant voneinander unterscheiden, sollte der Mittelwertstest nicht mehr interpretiert werden.

Die Nullhypothese H_{01} prüft $\Delta_k = \Delta$ für $k=1,2,...,g$.

Jeder Teil des Fundamentaltheorems ($\mathbf{T} = \mathbf{B} + \mathbf{W}$), gemessen am jeweiligen Freiheitsgrad, kann zur unabhängigen Schätzung der gemeinsamen Stichprobenstreuung Δ herangezogen werden.

Zum Test der Nullhypothese H_{01} definierte G.L.P. Box folgendes Kriterium:

$$M = (N-g)\log_e|\mathbf{D}_W| - \Sigma\ (N_k-1)\log_e|\mathbf{D}_k|$$

$$\mathbf{D}_W = \frac{1}{N-g}*\mathbf{W}$$

$\mathbf{D}_k$ = Streuungsschätzung der k-ten Stichprobe

Der M-Test prüft die Nullhypothese gleicher Zentraltendenz der Mittelwertsvektoren. Inzwischen gibt es χ^2- und F-Approximationsverfahren zur Prüfgröße M.

2. **Mittelwertsvergleich:**

Die Nullhypothese H_{02} prüft $\mu_k = \mu$ für $k=1,2,...,g$.

Prüfkriterium ist: $\Lambda = \frac{|W|}{|T|}$

Die Testgröße Λ wurde von S.S. Wilks vorgeschlagen und ist auf dem Likelihood-Quotienten begründet. Je größer die Gruppenunterschiede, desto kleiner wird Λ. Wenn Λ hinreichend klein ist, kann die Nullhypothese der Gleichheit aller Gruppenmittelwerte zurückgewiesen werden.

Auch zum Test von Λ gibt es χ^2- und F-Approximationsverfahren. Das F-Approximationsverfahren wird meist vorgezogen, weil es noch bei kleinen Freiheitsgraden gute Ergebnisse liefert.

Approximation von Λ durch die F-Verteilung nach Rao:

Prüfgröße: $$F_{df_1,df_2} = \frac{df_2 * (1-\Lambda^{1/s})}{df_1 * \Lambda^{1/s}}$$

$$s = \frac{p^2(g-1)^2-4}{p^2+(g-1)^2-5}$$

Freiheitsgrade: $$df_1 = p(g-1)$$

$$df_2 = s(N-1-\frac{p+(g-1)+1}{2}) - \frac{p(g-1)-2}{2}$$

p = Anzahl der Variablen,

g = Anzahl der Gruppen,

N = Größe der Gesamtstichprobe.

Anwendungsbeispiel

Drei Meteoriten schlagen in relativ kurzen raumzeitlichen Abständen ein. Der Geologe eines Forschungsinstituts soll nun untersuchen, ob die Meteoriten aufgrund ihrer Zusammensetzung eventuell gleichen Ursprung haben. Von jedem der Meteoriten werden mehrere Stichproben entnommen. Im Labor ermittelt man die Zusammensetzung der Proben hinsichtlich ihrer Anteile an Silicium (Si), Aluminium (Al), Eisen (Fe) und Magnesium (Mg), bezogen auf eine bestimmte Menge (in mg).

Datentabelle

	Meteorit 1				Meteorit 2			
	X_1	X_2	X_3	X_4	X_1	X_2	X_3	X_4
	Si	Al	Fe	Mg	Si	Al	Fe	Mg
1	19.4	5.9	14.7	5.0	22.5	8.6	16.6	3.4
2	21.5	4.0	15.7	3.7	22.1	6.4	17.8	3.6
3	19.2	4.3	15.4	4.3	25.9	7.7	14.8	4.0
4	18.4	5.4	15.2	3.4	23.5	8.1	15.0	5.2
5	20.6	6.2	13.2	5.5	21.7	6.6	18.2	4.9
6	19.8	5.7	14.8	3.8	21.9	6.2	16.3	4.8
7	18.7	6.0	13.8	4.6	23.7	7.3	16.5	3.5

Meteorit 3			
X_1	X_2	X_3	X_4
Si	Al	Fe	Mg
20.3	5.5	12.9	4.2
17.1	4.9	13.2	3.9
19.2	6.5	12.7	4.3
21.5	5.0	14.1	5.3
20.9	6.8	13.8	4.7
19.5	5.3	15.3	4.4

Ergebnis

ANALYSE FUER 4 VARIABLEN UND 3 GRUPPEN

GRUPPE 1 MIT 7 MESSWERTEN:
****

```
MITTELWERTE
  11.7571  11.0429  11.2429   9.9857

STANDARDABWEICHUNGEN
   7.3116   7.5438   6.8452   6.0414

STREUUNGSDETERMINANTE = 138910
-----------------------------------------------------------
GRUPPE 2 MIT 7 MESSWERTEN:
*************************

MITTELWERTE
  13.3286  11.7571  14.4143  11.4714

STANDARDABWEICHUNGEN
   7.4310   7.8905   9.0047   7.7394

STREUUNGSDETERMINANTE = 166866
-----------------------------------------------------------
GRUPPE 3 MIT 6 MESSWERTEN:
*************************

MITTELWERTE
  13.0167  12.5667  10.5167   9.0167

STANDARDABWEICHUNGEN
   6.8365   6.1082   6.2056   7.2101

STREUUNGSDETERMINANTE = 10136.5
-----------------------------------------------------------

GESAMTMITTELWERTE
  12.6850  11.7500  12.1350  10.2150

GEWICHTETE STANDARDABWEICHUNGEN
   7.2183   7.2824   7.5155   7.0223

D(GESAMT)-MATRIX
 1:    895.346  769.995  654.610  323.154
 2:    769.995  909.070  787.905  427.025
 3:    654.610  787.905 1017.850  707.639
 4:    323.154  427.025  707.639  858.346

D(DIFF)-MATRIX
 1:      9.586    6.251   12.842    4.765
 2:      6.251    7.503   -3.400   -4.674
 3:     12.842   -3.400   57.652   33.114
 4:      4.765   -4.674   33.114   20.035

D(REST)-MATRIX
 1:    885.760  763.745  641.768  318.389
 2:    763.745  901.568  791.305  431.699
 3:    641.768  791.305  960.194  674.525
 4:    318.389  431.699  674.525  838.311
-----------------------------------------------------------
STREUUNGSDETERMINANTE = 203869
```

```
TEST FUER H01 (STREUUNGSGLEICHHEIT):
*************************************
BOX-KRITERIUM M= 18.5103
F-WERT = .591848
DF1 = 20 ; DF2 = 977
P-WERT = .920422
----------------------------------------------------------------
TEST FUER H02 (GLEICHER MITTELWERT)
************************************
WILKS LAMDA = .731756
APPROX. F = 1.03943
DF1 = 4 , DF2 = 5
P-WERT = .470757
```

Die Nullhypothese (H_{01}) zur Streuungsgleichheit kann beibehalten werden, da $p>\alpha$ (Box-Kriterium M=18.51, F-Wert=.59 mit den Freiheitsgraden df_1=20 und df_2=977). Auch die Nullhypothese H_{02} zum Mittelwertsvergleich zeigt keine signifikante Abweichung (Wilks Λ=.7318, F=1.039, df_1=4 und df_2=5; $p>\alpha$).

Die Nullhypothese, daß die Meteoriten gleichen Ursprung haben, konnte nicht widerlegt werden.

Programm (15979 Bytes)

```
10 REM * MULTIVARIATE VARIANZANLYSE * T. CHEAIB - C.-M. HAF *
20 DIM A(19,19),B(19,19),C(19,19),T(19),U(19),V(19),W(19)
30 DIM D(19,19),X(19,19),I5(19),P5(19),I6(19,2)
40 READ H2,G0,F0,N,S0$
50 DATA 0,0,0,0,"-------------------------------------"
60 S0$=S0$+S0$
70 PRINT "            ****************************************"
80 PRINT "            *   MEHRDIMENSIONALE VARIANZANALYSE    *"
90 PRINT "            ****************************************"
100 PRINT
110 READ M,G
120 IF M<20 THEN 150
130 PRINT " +++ KERNSPEICHER ZU KLEIN (16KB)"
140 GOTO 3170
150 PRINT "ANALYSE FUER";M;" VARIABLEN UND";G;" GRUPPEN"
160 PRINT
170 FOR J=1 TO M
180   T(J)=0
190   FOR K=1 TO M
200         B(J,K)=0
210         C(J,K)=0
220   NEXT K
230 NEXT J
240 FOR L0=1 TO G
```

```
250    IF LO<>1 THEN PRINT SO$
260    READ NO
270    N=N+NO
280    PRINT "GRUPPE";LO;"MIT";NO;"MESSWERTEN:"
290    PRINT "**************************"
300    FOR J=1 TO M
310          U(J)=0
320          FOR K=1 TO M
330                A(J,K)=0
340          NEXT K
350    NEXT J
360    FOR I=1 TO NO
370          FOR J=1 TO M
380                READ V(J)
390          NEXT J
400          FOR J=1 TO M
410                U(J)=U(J)+V(J)
420                T(J)=T(J)+V(J)
430                FOR K=1 TO M
440                      A(J,K)=A(J,K)+V(J)*V(K)
450                      C(J,K)=C(J,K)+V(J)*V(K)
460                NEXT K
470          NEXT J
480    NEXT I
490    FOR J=1 TO M
500          FOR K=1 TO M
510                A(J,K)=A(J,K)-U(J)*U(K)/NO
520                B(J,K)=B(J,K)+A(J,K)
530                A(J,K)=A(J,K)/(NO-1)
540          NEXT K
550    NEXT J
560    FOR J=1 TO M
570          U(J)=U(J)/NO
580          W(J)=SQR(A(J,J))
590    NEXT J
600    PRINT
610    PRINT "MITTELWERTE"
620    FOR J=1 TO M
630          PRINT USING" ###.####";U(J);
640    NEXT J
650    PRINT
660    PRINT
670    PRINT "STANDARDABWEICHUNGEN"
680    FOR J=1 TO M
690          PRINT USING" ###.####";W(J);
700    NEXT J
710    PRINT
720    FOR I=1 TO M
730          FOR J=1 TO M
740                X(I,J)=A(I,J)
750          NEXT J
760    NEXT I
770    GOSUB 2330
780    FOR I=1 TO M
790          FOR J=1 TO M
800                A(I,J)=X(I,J)
```

```
810            NEXT J
820   NEXT I
830   PRINT
840   PRINT "STREUUNGSDETERMINANTE =";D0
850   H2=H2+((N0-1)*LOG(D0))
860   F0=F0+(1/(N0-1))
870   G0=G0+(1/((N0-1)^2))
880 NEXT L0
890 PRINT S0$
900 FOR J=1 TO M
910   FOR K=1 TO M
920            A(J,K)=C(J,K)-T(J)*T(K)/N
930            D(J,K)=A(J,K)
940            C(J,K)=B(J,K)/(N-G)
950   NEXT K
960 NEXT J
970 FOR J=1 TO M
980   T(J)=T(J)/N
990   U(J)=SQR(C(J,J))
1000 NEXT J
1010 PRINT
1020 PRINT "GESAMTMITTELWERTE"
1030  FOR J=1 TO M
1040   PRINT USING" ###.####";T(J);
1050 NEXT J
1060 PRINT
1070 PRINT
1080 PRINT "GEWICHTETE STANDARDABWEICHUNGEN"
1090 FOR J=1 TO M
1100   PRINT USING" ###.####";U(J);
1110 NEXT J
1120 PRINT
1130 PRINT
1140 PRINT "D(GESAMT)-MATRIX"
1150 FOR J=1 TO M
1160   PRINT STR$(J)+": ";
1170   FOR K=1 TO M
1180            PRINT USING" ####.###";A(J,K);
1190   NEXT K
1200   PRINT
1210 NEXT J
1220 FOR J=1 TO M
1230   FOR K=1 TO M
1240            A(J,K)=A(J,K)-B(J,K)
1250   NEXT K
1260 NEXT J
1270 PRINT
1280 PRINT "D(DIFF)-MATRIX"
1290 FOR J=1 TO M
1300   PRINT STR$(J)+": ";
1310   FOR K=1 TO M
1320            PRINT USING" ####.###";A(J,K);
1330   NEXT K
1340   PRINT
1350 NEXT J
1360 PRINT
```

```
1370 PRINT "D(REST)-MATRIX"
1380 FOR J=1 TO M
1390   PRINT STR$(J)+": ";
1400   FOR K=1 TO M
1410         PRINT USING" ####.###";B(J,K);
1420   NEXT K
1430   PRINT
1440 NEXT J
1450 PRINT SO$
1460 FOR I=1 TO M
1470   FOR J=1 TO M
1480         X(I,J)=C(I,J)
1490   NEXT J
1500 NEXT I
1510 GOSUB 2330
1520 FOR I=1 TO M
1530   FOR J=1 TO M
1540         C(I,J)=X(I,J)
1550   NEXT J
1560 NEXT I
1570 PRINT "STREUUNGSDETERMINANTE =";D0
1580 PRINT
1590 H1=(N-G)*LOG(D0)
1600 X1=H1-H2
1610 F1=(G-1)*M*(M+1)/2
1620 A0=(F0-(1/(N-G)))*(2*M*M+3*M-1)
1630 A1=A0/(6*(G-1)*(M+1))
1640 A2=(G0-(1/(N-G)^2))*((M-1)*(M+2))/(6*(G-1))
1650 D3=A2-A1^2
1660 IF D3>0 THEN 1710
1670 F2=(F1+2)/(A1^2-A2)
1680 B1=F2/(1-A1+(2/F2))
1690 F5=(F2*X1)/(F1*(B1-X1))
1700 GOTO 1740
1710 F2=(F1+2)/D3
1720 B1=F1/(1-A1-(F1/F2))
1730 F5=X1/B1
1740 PRINT "TEST FUER H01 (STREUUNGSGLEICHHEIT):"
1750 PRINT "************************************"
1760 PRINT "BOX-KRITERIUM M=";X1
1770 PRINT "F-WERT =";F5
1780 F1=INT(F1)
1790 F2=INT(F2)
1800 PRINT "DF1 =";F1;"; DF2 =";F2
1810 GOSUB 2960
1820 PRINT "P-WERT =";P
1830 PRINT SO$
1840 FOR I=1 TO M
1850   FOR J=1 TO M
1860         X(I,J)=B(I,J)
1870   NEXT J
1880 NEXT I
1890 GOSUB 2330
1900 D2=D0
1910 FOR I=1 TO M
1920   FOR J=1 TO M
```

```
1930          B(I,J)=X(I,J)
1940   NEXT J
1950 NEXT I
1960 FOR I=1 TO M
1970   FOR J=1 TO M
1980          X(I,J)=D(I,J)
1990   NEXT J
2000 NEXT I
2010 GOSUB 2330
2020 FOR I=1 TO M
2030   FOR J=1 TO M
2040          D(I,J)=X(I,J)
2050   NEXT J
2060 NEXT I
2070 X0=D2/D0
2080 Y0=1-X0
2090 PRINT "TEST FUER H02 (GLEICHER MITTELWERT)"
2100 PRINT "***********************************"
2110 PRINT "WILKS LAMDA =";X0
2120 IF M-2>0 GOTO 2180
2130 IF G-3>0 GOTO 2180
2140 Y0=X0
2150 F1=2
2160 F2=N-3
2170 GOTO 2250
2180 S0=SQR((M*M*(G-1)^2)-4)/(M*M+(G-1)^2-5)
2190 Y0=X0^(1/S0)
2200 P0=(N-1)-((M+G)/2)
2210 Q0=-(M*(G-1)-2)/4
2220 R0=(M*(G-1))/4
2230 F1=2*R0
2240 F2=P0*S0+2*Q0
2250 F5=((1-Y0)/Y0)*(F2/F1)
2260 PRINT "APPROX. F =";F5
2270 F1=INT(F1)
2280 F2=INT(F2)
2290 PRINT "DF1 =";F1;", DF2 =";F2
2300 GOSUB 2960
2310 PRINT "P-WERT =";P
2320 GOTO 3170
2330 REM *** UP MATRIX-INVERSE
2340 D0=1
2350 FOR J=1 TO M
2360   I5(J)=0
2370 NEXT J
2380 FOR I=1 TO M
2390   X9=0
2400   FOR J=1 TO M
2410          IF I5(J)-1=0 THEN 2500
2420          FOR K=1 TO M
2430                 IF I5(K)-1>0 THEN 2870
2440                 IF I5(K)-1=0 THEN 2490
2450                 IF ABS(X9)-ABS(X(J,K))=>0 THEN 2490
2460                 I1=J
2470                 I0=K
2480                 X9=X(J,K)
```

```
2490          NEXT K
2500    NEXT J
2510    I5(I0)=I5(I0)+1
2520    IF I1-I0=0 THEN 2590
2530    D0=-D0
2540    FOR L=1 TO M
2550          Z=X(I1,L)
2560          X(I1,L)=X(I0,L)
2570          X(I0,L)=Z
2580    NEXT L
2590    I6(I,1)=I1
2600    I6(I,2)=I0
2610    P5(I)=X(I0,I0)
2620    D0=D0*P5(I)
2630    X(I0,I0)=1
2640    FOR L=1 TO M
2650          X(I0,L)=X(I0,L)/P5(I)
2660    NEXT L
2670    FOR K0=1 TO M
2680          IF K0-I0=0 THEN 2740
2690          Z=X(K0,I0)
2700          X(K0,I0)=0
2710          FOR L=1 TO M
2720                X(K0,L)=X(K0,L)-X(I0,L)*Z
2730          NEXT L
2740    NEXT K0
2750 NEXT I
2760 FOR I=1 TO M
2770    L=M+1-I
2780    IF I6(L,1)-I6(L,2)=0 THEN 2860
2790    I1=I6(L,1)
2800    I0=I6(L,2)
2810    FOR K=1 TO M
2820          Z=X(K,I1)
2830          X(K,I1)=X(K,I0)
2840          X(K,I0)=Z
2850    NEXT K
2860 NEXT I
2870 RETURN
2880 REM *** DATEN
2890 DATA 4,3
2900 DATA 7,19.4,21.5,19.2,18.4,20.6,19.8,18.7,5.9,4,4.3,5.4
2910 DATA   6.2,5.7,6,14.7,15.7,15.4,15.2,13.2,14.8,13.8,5,3.7
2915 DATA   4.3,3.4,5.5,3.8,4.6
2920 DATA 7,22.5,22.1,25.9,23.5,21.7,21.9,23.7,8.6,6.4,7.7,8.1
2930 DATA   6.6,6.2,7.3,16.6,17.8,14.8,15,18.2,16.3,16.5,3.4
2935 DATA   3.6,4,5.2,4.9,4.8,3.5
2940 DATA 6,20.3,17.1,19.2,21.5,20.9,19.5,15.5,4.9,6.5,5,6.8
2950 DATA   5.3,12.9,13.2,12.7,14.1,13.2,15.3,4.2,3.9,4.3,5.3
2955 DATA   4.7,4.4
2960 REM *** SUBPROG SIGNIFIKANZEN
2970 P=1
2980 IF F1<>0 AND F2<>0 AND F5<>0 THEN 3010
2990 PRINT "FEHLER: DIVISION DURCH NULL"
3000 GOTO 3160
3010 IF F5<1 THEN 3060
```

```
3020 A=F1
3030 B=F2
3040 F=F5
3050 GOTO 3090
3060 A=F2
3070 B=F1
3080 F=1/F5
3090 A2=2/(9*A)
3100 B2=2/(9*B)
3110 Z=ABS(((1-B2)*F^.333333-1+A2)/SQR(B2*F^.666667+A2))
3120 IF B>=4 THEN 3140
3130 Z=Z*(1+.08*Z^4/B^3)
3140 P=.5/(1+Z*(.196854+Z*(.115194+Z*(.000344+Z*.0195227))))^4
3150 IF F5<1 THEN LET P=1-P
3160 RETURN
3170 END
```

Literatur

Ackermann, H.: BASIC in der medizinischen Statistik. Braunschweig 1977.

Ahrens, H. & J. Läuter: Mehrdimensionale Varianzanalyse. Ost-Berlin 1974.

Bartlett, M.S.: Multivariate Analysis. Suppl. to the Journal of the Royal Statistical Society 9, 1947, S.167-197.

Box, G.E.P.: A General Distribution Theory for a Class of Likehood Criterion. Biometrika 36, 1949, S.317-346.

Cooley, W. & P. Lohnes: Multivariate Data Analysis. New York 1971.

(*) Eimer, E.: Varianzanalyse. Stuttgart 1978.

Fisher, R.A.: The Design of Experiments. 6.Auflage, London, Edinburgh 1951

Glaser, W.R.: Varianzanalyse. Stuttgart 1978.

Kirk, R.E.: Experimental Designes. Procedures for the Behavioral Sciences. Belmont 1968.

Linder,A. & W.Berchtold: Statistische Auswertung von Prozentzahlen. Stuttgart 1982.

Mardia, K.V. et al.: Multivariate Anlysis. London 1979.

Marinell, G.: Multivariate Verfahren. Eine Einführung für Studierende und Praktiker. München 1977.

(*) Morrison, D.F.: Multivariate Statistical Methods. New York 1976.

Rao, C.R.: Advanced Statistical Methods in Biometric Research. New York 1952.

Wilks, S.S.: Certain Generalization in the Analysis of Variance. Biometrica 24, 1932, S.471-494.

(*) Winer, B.J.: Statistical Principles in Experimental Design. New York 1970.

3 Taxometrische Verfahren

3.1 CLUSTERANALYSE

Sollen Variablen (Merkmale) oder Merkmalsträger (Objekte) über ihre Ähnlichkeit bzw. ihre Distanzen zueinander gruppiert werden, verwendet man Verfahren der Clusteranalyse:

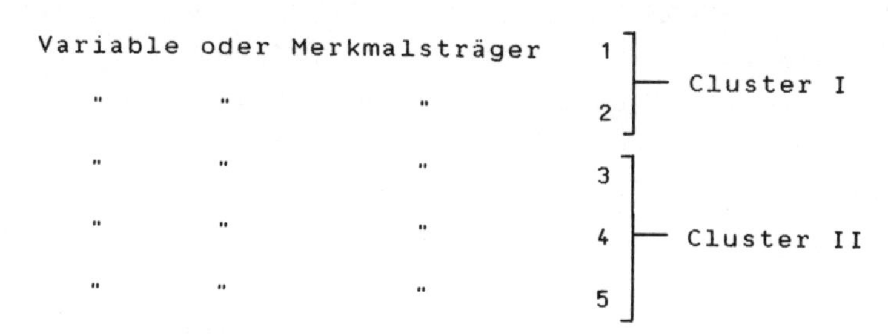

Bei diesem Verfahren werden Gruppen von Variablen oder Merkmalsträgern gesucht, ohne wie bei der Faktorenanalyse (siehe Kap. 4) auf Aussagen über zugrundeliegende Größen abzuzielen. Probleme der Kommunalitätenschätzung und Rotation tauchen bei numerischen Klassifikationsverfahren nicht auf. Überla (1968, S.308) hat die Methoden der Clusteranalyse und der Faktorenanalyse einander graphisch gegenübergestellt.

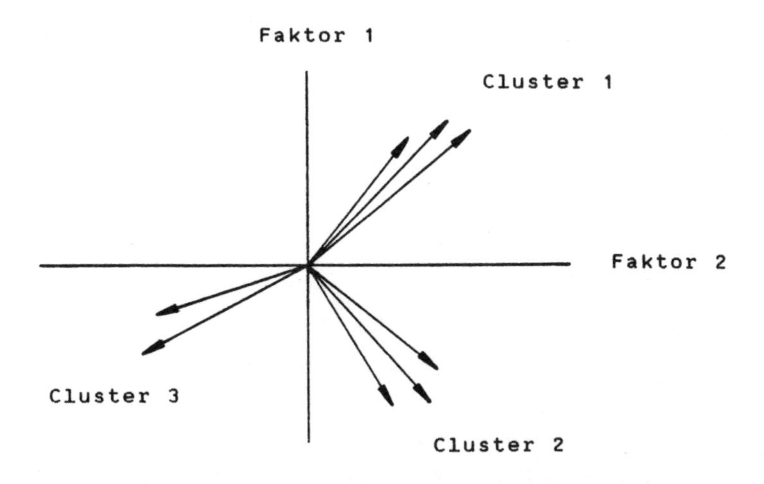

Er bemerkt dazu: "Die Zahl der Cluster und die der Faktoren hängen nur indirekt zusammen. Es können z.B. mehr Cluster als Faktoren vorhanden sein." (S. 308).

Im täglichen Leben erfolgt die Gruppenbildung von Merkmalen oder Merkmalsträgern meist intuitiv aufgrund eines impliziten Ähnlichkeitsverständnisses. Bei komplexeren Datenstrukturen ist die Gruppenbildung nach intuitiver Entscheidung, zumindest für den Wissenschaftler, weder sinnvoll noch möglich. Werden nur 25 Elemente in k Cluster aufgeteilt, sind mehr als $4*10^{18}$ unterschiedliche Gruppeneinteilungen möglich. Auch der Einsatz modernster Rechenanlagen ist, wenn alle theoretisch möglichen Cluster einer noch nicht allzu großen Matrix durchgespielt und verglichen werden sollen, zu aufwendig.

Die gebräuchlichen clusteranalytischen Verfahren bieten deshalb nur annähernd optimale Lösungen zum Problem der Gruppierung von Merkmalen oder Merkmalsträgern. Sie verfolgen das Ziel, Cluster aufzufinden, die in sich möglichst homogen sind und sich untereinander weitestgehend unterscheiden, d. h. heterogen und isoliert sind.

"Im Prinzip handelt es sich dabei um eine Regel oder einen Algorithmus, mit Hilfe dessen man Gruppen von Punkten auffindet." (Überla, 1968, S.307)

Bedauerlich ist die Tatsache, daß für clusteranalytische Methoden keine wirklich brauchbaren Tests zur Prüfung der Anpassungsgüte vorliegen. Deshalb ist die Clusteranalyse zunächst nicht mehr als ein deskriptives Verfahren, jedoch von großem heuristischen Wert.

Everitt (1974) teilt die bisher beschriebenen Clustertechniken in fünf Gruppen ein:

1. **Hierarchische Techniken**

   a) Die Variablen oder Merkmalsträger werden zu immer

weniger Gruppen mit immer mehr Elementen zusammengefaßt, bis alle Elemente auf der letzten Stufe in einem großen Cluster vereinigt sind (agglomerative Verfahren).
Das Ergebnis dieses Prozesses läßt sich graphisch in einem zweidimensionalen Dendrogramm darstellen:

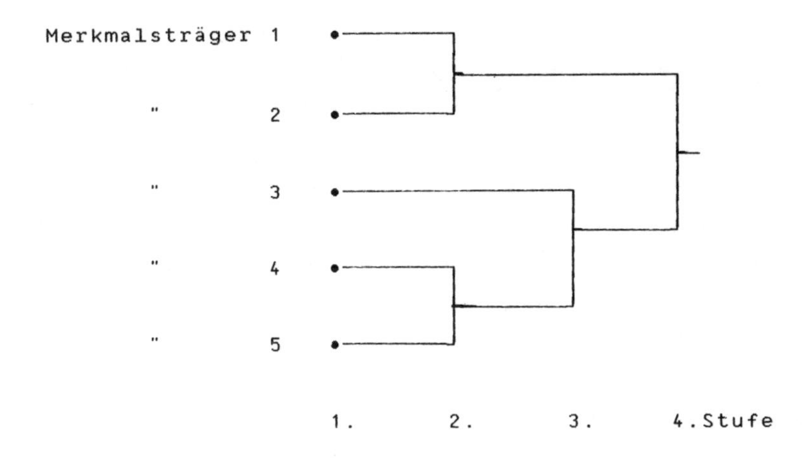

b) Der Datensatz wird in immer feinere Untergruppen geteilt (divisive Verfahren).

2. **Optimierende Partitionstechniken**
Bei festgelegter Anzahl der Cluster k werden aufgrund vorher definierter Kriterien möglichst optimale Partitionen der Merkmale oder Merkmalsträger gesucht. Meist werden iterative Verfahren eingesetzt. Der Vorteil dieses Vorgehens: einmal durchgeführte Partitionen können wieder revidiert werden. Nachteil: Die Programme sind sehr zeit- und speicherplatzaufwendig.

3. **Dichtevergleichverfahren**.
Hierbei teilt man den Gesamtraum in Unterräume ein und sucht diese nach Dichtezentren ab. Die Anzahl der Elemente je Unterraum wird abgezählt und schließlich verglichen. Auch bei diesem Verfahren stößt man selbst bei großen Rechenanlagen schnell an Grenzen.

4. **Klumpentechnik**

Gehören Elemente gleichzeitig zwei oder mehreren Gruppen an, wie z.B. bei empirischen Sprachstudien, wenn ein Wort verschiedene Bedeutungen haben kann, empfehlen sich solche Verfahren.

5. **Andere Methoden**

Gruppierungstechniken, die nicht in einen der vier Punkte fallen, wie z.B. die Q-Faktorenanalyse (s. Kap. 4, vgl. Baumann, U. 1971), zählen dazu.

Auf graphentheoretische Entwicklungen geht Everitt in seiner Einführung nicht ein; wir würden derartige Verfahren Punkt 5 zurechnen. Die Einteilung ist noch recht grob und eher intuitiv. Die meisten Arten der Clusteranalysen schließen sich aber nicht gegenseitig aus. Einige Verfahren passen gleichzeitig in verschiedene Kategorien.

Wie eingangs erwähnt, unterschiebt man bei allen üblichen clusteranalytischen Methoden den Daten aus Gründen der Ökonomie ein Modell. Das impliziert, daß die Ergebnisse der Verfahren nur zusammen mit ihren Algorithmen und den dahinterstehenden Annahmen interpretiert werden dürfen. Die Anwendung verschiedener Methoden kann zwar in bestimmten Fällen identische Ergebnisse erbringen, das muß aber nicht immer so sein. Auch durch die Auswahl der als relevant betrachteten Merkmale ist das Ergebnis von vornherein beschränkt.

Der Prozeß der Clusterbildung beginnt in der Regel mit der Überführung der Datenmatrix **X** in eine symmetrische Ähnlichkeits- oder Distanzmatrix **O** bzw. **V**.

Datenmatrix:

	Objekte	Variable 1	2	...k	..m
$X =$	1	x_{11}	x_{12}	$\ldots x_{1k}$	$\ldots x_{1m}$
	2	x_{21}	...		
		.	.		.
		.	.		.
	i	x_{i1}	...		
		.	.		
	n	x_{n1}	x_{n2}	$\ldots x_{nk}$	$\ldots x_{nm}$

Symmetrische Distanz- bzw. Ähnlichkeitsmatrix für Merkmalsträger(Objekte):

	Objekte	Objekte 1	2	...k	..n
$X \rightarrow O =$	1	o_{11}	o_{12}	$\ldots o_{1k}$	$\ldots o_{1n}$
	2	o_{21}	...		
		.	.		.
		.	.		.
	i	o_{i1}	...		
		.	.		
	n	o_{n1}	o_{n2}	$\ldots o_{nk}$	$\ldots o_{nn}$

Symmetrische Distanz- bzw. Ähnlichkeitsmatrix für Variablen:

	Variable	Variable 1	2	...k	..m
$X \rightarrow V =$	1	v_{11}	v_{12}	$\ldots v_{1k}$	$\ldots v_{1m}$
	2	v_{21}	...		
		.	.		.
		.	.		.
	i	v_{i1}	...		
		.	.		
	m	v_{m1}	v_{m2}	$\ldots v_{mk}$	$\ldots v_{mm}$

Um lokale Informationen über die Beziehung zwischen den Merkmalsträgern oder den Variablen zu formulieren, wurde eine Vielzahl von Ähnlichkeits- und Abstandsmaßen untersucht und entwickelt.

Von Ähnlichkeitsmaßen a_{ij} werden grundsätzlich zwei Eigenschaften verlangt:

1) Symmetrie $(a_{ij} = a_{ji})$; und
2) Normierung $(0 \leq a_{ij} \leq 1)$.

Der Einsatz des absolut gesetzten Produkt-Moment-Korrelations-Koeffizienten als Ähnlichkeitsmaß $(a_{ij} = |r_{xy}|)$ wurde vielfach trotz oder wegen seiner häufigen Anwendung kritisiert, weil Elemente bei völlig gegensätzlichen Bedeutungsrichtungen einander zugeordnet werden (z.B. bei $r_{xy} = 1$ und $r_{xy} = -1$).

Statt eines Ähnlichkeitsmaßes läßt sich auch ein Distanzmaß d_{ij} anwenden.

Für d_{ij} gelte: $d_{ij} \geq 0$

Die Distanzmaße können in Ähnlichkeitsmaße transformiert werden und umgekehrt. Ein metrisches Distanzmaß läßt sich z.B. aus der Produkt-Moment-Korrelation errechnen:

$$d_{ij} = \sqrt{1-r_{ij}}.$$

Distanzmaße gibt es je nach Skalenniveau der Daten eine ganze Reihe; z.B. das Rangdistanzmaß von Kendall, die Mahalanobis-Distanz, die Euklidsche Distanz, das City-Block-Distanzmaß u.a.

Mit der Minkowsky-Distanzformel läßt sich eine ganze Klasse von Distanzmaßen beschreiben:

$$d(A,B) = \left(\sum_{i=1}^{n} | x_{A,i} - x_{B,i} |^{r} \right)^{1/r} \qquad r \geq 1$$

Der Parameter r ist variabel und bestimmt die Art der Metrik bzw. L_r-Norm. Studien mit verschiedenen L_r-Normen ergaben manchmal Rangverschiebungen auf der Distanzmatrix.

Als Spezialfälle dieser Formel lassen sich die L_1- und L_2-Normen wiedererkennen: Die L_1-Norm (r=1) ist als City-Block-Distanzmaß bekannt und definiert den Abstand zweier Punkte A und B durch die Summe der absolut gesetzten Differenzwerte:

$$d(A,B) = \sum_{i=1}^{n} | x_{A,i} - x_{B,i} |$$

Als L_2-Norm (r=2) wird die euklidsche Distanz bezeichnet. Der Abstand zweier Punkte A und B errechnet sich aus der Summe der quadrierten Differenzwerte und der daraus gezogenen Quadratwurzel:

$$d(A,B) = \sqrt{\sum_{i=1}^{n} (x_{A,i} - x_{B,i})^2}$$

Die euklidsche Distanz dürfte das bisher am häufigsten verwendete Distanzmaß sein.

Als ein Anwendungsproblem bei der Variablenclusterung muß die Frage der Gewichtung angesehen werden. Korreliert eine Gruppe von Variablen untereinander hoch, so bedeutet das eine Gewichtung zugunsten dieses Merkmalskomplexes. Deshalb empfiehlt sich, sofern man diese Gewichtung kontrollieren oder ausschalten will, der numerischen Klassifikation eine Faktorenanalyse vorzuschalten. Durch die Auswahl voneinander unabhängiger Variablen könnte sichergestellt werden, daß sie mit dem gleichen Gewichtungsfaktor in die Gruppenbildung eingehen.

CLUSTERANALYSE NACH WARD

Aus der Vielzahl möglicher Clusteranalysen, wie sie in der reichhaltigen Literatur (vgl. Eckes & Roßbach; Everitt; Späth; Steinhausen & Langer; Vogel u.a.) beschrieben sind, sei hier die Methode nach Ward (1963) näher dargestellt. Es handelt sich um ein einfaches, recht weit entwickeltes hierarchisches (agglomeratives) Verfahren, bei dem es möglich ist, den Informationsverlust, der sich bei der Zusammenfassung zweier Gruppen ergibt, mit Hilfe der Fehlerquadratsumme E (Error/Sum of Squares) zu messen:

$$E = \sum_{i=1}^{n} X_i^2 - \frac{1}{n} \left(\sum_{i=1}^{n} X_i \right)^2$$

Pro Agglomerationsschritt werden nur die Gruppen zusammengefaßt, bei denen sich die Fehlerquadratsumme E um ein Minimum vergrößert, d.h. bei denen der Zuwachs der Fehlerquadratsumme E minimal ist. Mit der Minimierung des Fehlerquadratzuwachses wird eine Optimierung des Varianzkriteriums erreicht. Die Summe der Fehlerquadratsummen E_{Gesamt} läßt sich in die Fehlerquadratsumme innerhalb der Cluster E_{Inner} und die Fehlerquadratsumme zwischen den Clustern E_{Inter} zerlegen:

$$E_{Gesamt} = E_{Inner} + E_{Inter}$$

Das Verfahren von Ward bildet Cluster, indem E_{Inner} minimiert und E_{Inter} maximiert wird.

Ein weiterer Vorteil der Fehlerquadratsumme ist die Hilfe bei der Entscheidung über die adäquate Anzahl der Cluster. Immer dann, wenn die Fehlerquadratsumme (dargestellt unten im Struktogramm) sprunghaft ansteigt, weist das darauf hin, daß ein eher heterogenes Cluster gebildet wurde, und eine Zusammenfassung dieser Gruppen nicht mehr sinnvoll ist.

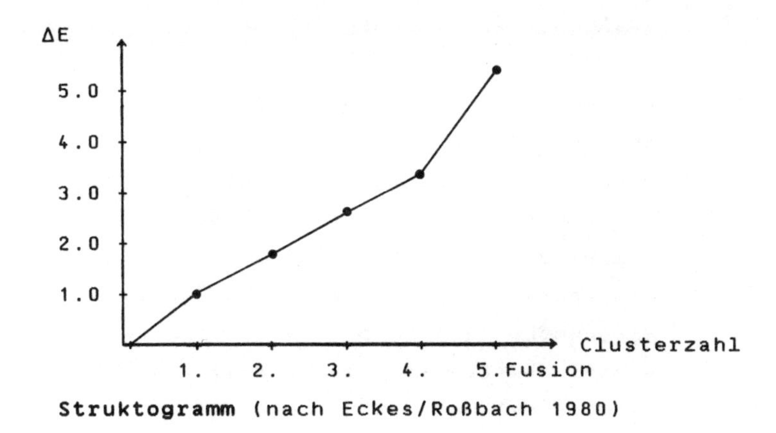

Struktogramm (nach Eckes/Roßbach 1980)

Ein Nachteil des Ward-Verfahrens liegt darin, daß es eher dazu führt, etwa gleich große Cluster zu bilden. Trotzdem hält Wishart den Ward-Algorithmus für "possibly the best of the hierarchy options..." (1975, Kap.10, Opt.6).

Auf die Anwendung der Wardschen Clusteranalyse bei binären Klassifikationsmerkmalen geht Vogel (1975, S.314 ff) ausführlich ein.

Im Programm wurde die Rekursionsformel, wie sie häufig beschrieben wurde, verwendet (vgl. Everitt, Vogel u.a.)

Anwendungsbeispiel

Im Gebiet zwischen Amazonas und Mato Grosso sei ein Discocactus gefunden worden, bei dem es sich wahrscheinlich um die seltene Untergruppe Discocactus spinosior, D. flavispinus, D. silicicola, D. catingicola oder D. melanochlorus handelt. Eine genaue Bestimmung der wertvollen Pflanze dürfte erst nach längerer Zeit, nämlich während der Blüte möglich sein. Um herauszufinden, mit welcher der Unterarten des Discocactus die vorliegende Pflanze die größte Ähnlichkeit aufweist, vergleicht ein Biologe neun Merkmale mit den Durchschnittswerten, wie sie A.F.H. Buining beschrieb.

In die Clusteranalyse bezieht der Biologe folgende Variablen ein:

- Durchmesser der Pflanzen (D) in cm
- Höhe der Pflanze ohne Cephalium (HC) in cm
- Höhe des Cephaliums (C) in cm
- Durchmesser des Cephaliums (DC) in cm
- Anzahl der Rippen (AR)
- Rippenbreite an der Basis (RB) in cm
- Rippenhöhe (RH) in cm
- Anzahl der Randstacheln (ARST)
- Randstachellänge (RSL) in cm

Wertetabelle

Arten	D	HC	C	DC	AR	RB	RH	ARST	RSL
1. D. spinosior	12	4.0	4.5	2.5	11	3.3	1.7	7	3.3
2. D. flavispinus	13	5.0	3.0	4.0	10	3.0	1.5	3	3.5
3. D. silicicola	15	5.0	2.0	2.5	10	3.5	2.5	4	3.0
4. D. catingicola	11	4.0	2.0	3.5	12	2.2	2.0	5	3.0
5. D. melanochlorus	10	3.5	1.5	2.5	10	3.0	2.3	4	3.5
6. D. unbekannt	9.8	4.1	1.7	2.8	11	2.9	1.9	4	3.1

Ergebnis

```
ANZAHL DER VARIABLEN: 9
ANZAHL DER MERKMALSTRAEGER (OBJEKTE): 6
AUSGABE DER GRUPPIERUNGEN BEI 5 GRUPPEN
STANDARDISIEREN DER SPALTEN (0=JA,1=NEIN) 1
KLASSIFIKATION VON MERKMALSTRAEGERN (0) ODER VARIABLEN (1): 0

 5 GRUPPEN: KOMBINATION G4 (N= 1) UND G6(N= 1). FEHLER=  3.749
G1 (N= 1) 1
G2 (N= 1) 2
G3 (N= 1) 3
G4 (N= 2) 4  6
G5 (N= 1) 5

 4 GRUPPEN: KOMBINATION G4 (N= 2) UND G5(N= 1). FEHLER=  8.950
G1 (N= 1) 1
G2 (N= 1) 2
G3 (N= 1) 3
G4 (N= 3) 4  5  6
```

3 GRUPPEN: KOMBINATION G1 (N= 1) UND G4(N= 3). FEHLER= 12.494
G1 (N= 4) 1 4 5 6
G2 (N= 1) 2
G3 (N= 1) 3

2 GRUPPEN: KOMBINATION G2 (N= 1) UND G3(N= 1). FEHLER= 12.585
G1 (N= 4) 1 4 5 6
G2 (N= 2) 2 3

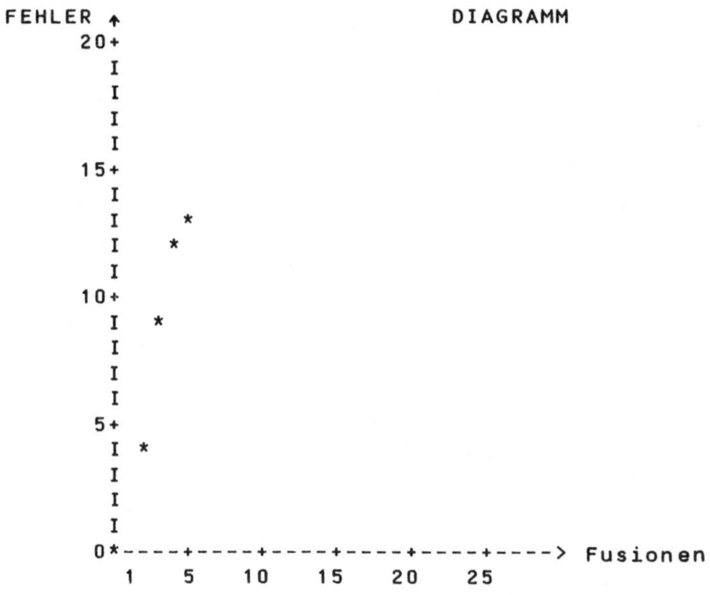

Der geringste Fehler von 3.75 wird bei der Kombination von "Cluster" 4 (D. catingicola) mit dem unbekannten Discocactus ("Cluster" 6) in Kauf genommen. Bereits mehr als doppelt so groß, nämlich 8.95, wird der Fehler bei Zusammenfassung der "Cluster" 4, 5 und 6. Durch Hinzunahme von D. spinosior zur Gruppe 4, 5, 6 erhöht sich der Fehler auf 12.49. D. flavi - pinus und D. silicicola bilden erst mit einem Fehler von 12.59 eine eigene Gruppe.

Dendrogramm

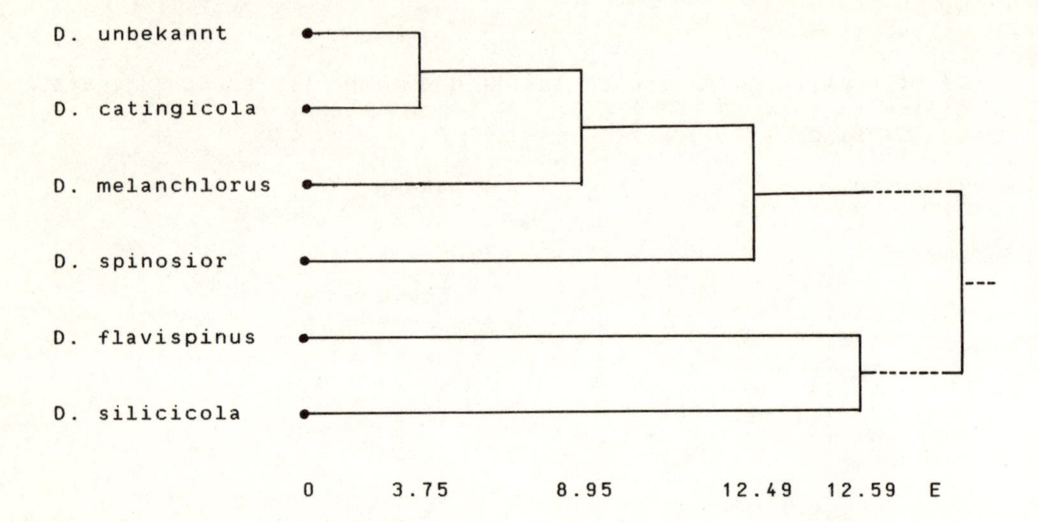

Im weiteren geht der Biologe davon aus, daß es sich, nach der hierarchischen Clusteranalyse von Ward, bei dem unbekannten Discocactus eher um D. catingicola oder eine neue Untergruppe, eventuell noch um D. melanchlorus handeln dürfte. Am wenigsten ähnlich mit der unbekannten Pflanze sind D. flavispinus, D. silicola und D. spinosior.

Programm (8337 Bytes)

```
10 REM * CLUSTERANALYSE * T. CHEAIB - C.-M. HAF *
20 PRINT TAB(12);"******************************************"
30 PRINT TAB(12);"*        CLUSTERANALYSE (NACH WARD)      *"
40 PRINT TAB(12);"******************************************"
50 PRINT
60 READ N1,N3,K1,K2,K3
70 PRINT "ANZAHL DER VARIABLEN:";N1
80 PRINT "ANZAHL DER MERKMALSTRAEGER (OBJEKTE):";N3
90 PRINT "AUSGABE DER GRUPPIERUNGEN BEI";K1;"GRUPPEN"
100 PRINT "STANDARDISIEREN DER SPALTEN (0=JA,1=NEIN)";K2
110 PRINT "KLASSIFIKATION VON MERKMALSTRAEGERN (0) ODER";
      "VARIABLEN (1):";K3
120 IF N1>0 AND N1<26 AND N3<26 THEN 150
130 PRINT " +++ ANZAHL DER SUBJEKTEN BZW. VARIABLEN ZU GROSS"
140 GOTO 1850
150 DIM D(25,25),G(25),W(25),C(25),C0(25),M$(20),M9(20)
160 T=N3
```

```
170 FOR J=1 TO 20
180   M$(J)="I"
190   M9(J)=0
200   IF (J-INT(J/5)*5)<>0 THEN 220
210   M$(J)="+"
220 NEXT J
230 REM --- DATEN EINLESEN
240 FOR I=1 TO N3
250   C(I)=I
260   FOR J=1 TO N1
270          READ D(I,J)
280   NEXT J
290 NEXT I
300 REM --- STANDARDISIEREN
310 IF K2=1 THEN 440
320 FOR J=1 TO N1
330   S1=J
340   S2=N3
350   GOSUB 1630
360   A=S0/T
370   S2=-N3
380   GOSUB 1630
390   S=SQR(S0/T-A*A)
400   FOR I=1 TO N3
410          D(I,J)=(D(I,J)-A)/S
420   NEXT I
430 NEXT J
440 IF K3=0 THEN 590
450 REM --- TRANSPONIEREN DER MATRIX
460 N=N1
470 IF N3>N1 THEN LET N=N3
480 FOR I=1 TO N
490   C(I)=I
500   FOR J=I TO N
510          X=D(I,J)
520          D(I,J)=D(J,I)
530          D(J,I)=X
540   NEXT J
550 NEXT I
560 N3=N1
570 N1=T
580 REM --- DATENMATRIX KONVERTIEREN
590 FOR I=1 TO N3
600   FOR J=1 TO N1
610          W(J)=D(I,J)
620   NEXT J
630   FOR J=I TO N3
640          D(I,J)=0
650          FOR K=1 TO N1
660                 D(I,J)=D(I,J)+(D(J,K)-W(K))^2
670          NEXT K
680          D(I,J)=D(I,J)*.5
690   NEXT J
700 NEXT I
710 FOR I=1 TO N3
720   FOR J=I TO N3
```

```
730             D(J,I)=0
740   NEXT J
750 NEXT I
760 N4=N3
770 REM --- ZUSAMMENFASSEN DER GRUPPEN UND FEHLER BERECHNEN
780 FOR I=1 TO N3
790   G(I)=I
800   W(I)=1
810 NEXT I
820 N4=N4-1
830 IF N4=1 THEN 1490
840 X=10^10
850 FOR I=1 TO N3
860   IF G(I)<>I THEN 950
870   FOR J=I TO N3
880             IF I=J OR G(J)<>J THEN 940
890             D0=D(I,J)-D(I,I)-D(J,J)
900             IF D0>X THEN 940
910             X=D0
920             L=I
930             M=J
940   NEXT J
950 NEXT I
960 W0$="GRUPPEN: KOMBINATION G"+STR$(L)
970 W1$="(N="+STR$(W(L))+") UND G"+STR$(M)
980 W2$="(N="+STR$(W(M))+"). FEHLER="
990 PRINT
1000 PRINT N4;TAB(4);W0$;TAB(29);W1$;TAB(43);W2$;
          USING"####.###";X
1010 M0=INT(X+.5)
1020 IF M0>20 THEN LET M0=20
1030 M1=N3-N4-1
1040 IF M1<=0 THEN LET M$(M0)=M$(M0)+"  "
1050 IF M1=<M9(M0) THEN 1090
1060 FOR I=M9(M0) TO M1
1070   M$(M0)=M$(M0)+"  "
1080 NEXT I
1090 M$(M0)=M$(M0)+"*"
1100 M9(M0)=M1+1
1110 REM --- NEUE DATENMATRIX BERECHNEN
1120 W0=W(L)+W(M)
1130 X=D(L,M)*W0
1140 Y=D(L,L)*W(L)+D(M,M)*W(M)
1150 D(L,L)=D(L,M)
1160 FOR I=1 TO N3
1170   IF G(I)<>M THEN 1190
1180   G(I)=L
1190 NEXT I
1200 FOR I=1 TO N3
1210   IF I=L OR G(I)<>I THEN 1270
1220   IF I>L THEN 1250
1230   D(I,L)=(D(I,L)*(W(I)+W(L))+D(I,M)*(W(I)+
              W(M))+X-Y-D(I,I)*W(I))/(W(I)+W0)
1240   GOTO 1270
1250   Q0=D(L,I)*(W(L)+W(I))
1260   D(L,I)=(Q0+(D(M,I)+D(I,M))*(W(M)+W(I))+
```

```
              X-Y-D(I,I)*W(I))/(W(I)+W0)
1270 NEXT I
1280 W(L)=W0
1290 IF N4>K1 THEN 820
1300 REM --- AUSGABE DER GRUPPEN, WENN ERWUENSCHT
1310 FOR I=1 TO N3
1320   IF G(I)<>I THEN 1460
1330   L=0
1340   FOR J=I TO N3
1350         IF G(J)<>I THEN 1380
1360         L=L+1
1370         C0(L)=C(J)
1380   NEXT J
1390   W0$="G"+STR$(I)
1400   W1$="(N="+STR$(L)+")"
1410   PRINT W0$;TAB(5);W1$;
1420   FOR J=1 TO L
1430         PRINT C0(J);
1440   NEXT J
1450   PRINT
1460 NEXT I
1470 GOTO 820
1480 REM ---- GRAPHISCHE AUSGABE
1490 PRINT
1500 PRINT
1510 PRINT TAB(3);"FEHLER ^";TAB(33);"DIAGRAMM"
1520 FOR I=20 TO 1 STEP -1
1530   T$="    "
1540   T7=7
1550   IF (I-INT(I/5)*5)<>0 THEN 1580
1560   T$=STR$(I)
1570   IF I<10 THEN LET T7=8
1580   PRINT TAB(T7);T$;M$(I)
1590 NEXT I
1600 PRINT TAB(9);"0*----+----+----+----+----+----> Fusionen"
1610 PRINT TAB(11);"1   5    10   15   20   25"
1620 GOTO 1850
1630 REM *** UP: SUMME BZW. QUADRATSUMME EINES VECTORS ***
1640 S0=0
1650 N=ABS(S2)
1660 K=S1
1670 IF S2=0 THEN 1760
1680 IF S2>0 THEN 1730
1690 FOR I=1 TO N
1700   S0=S0+D(I,K)^2
1710 NEXT I
1720 GOTO 1760
1730 FOR I=1 TO N
1740   S0=S0+D(I,K)
1750 NEXT I
1760 RETURN
1770 REM *** DATEN
1780 DATA 9,6,5,1,0
1790 DATA 12,4,4.5,2.5,11,3.3,1.7,7,3.3
1800 DATA 13,5,3,4,10,3,1.5,3,3.5
1810 DATA 15,5,2,2.5,10,3.5,2.5,4,3
```

```
1820 DATA 11,4,2,3.5,12,2.2,2,5,3
1830 DATA 10,3.5,1.5,2.5,10,3,2.3,4,3.5
1840 DATA 9.8,4.1,1.7,2.8,11,2.9,1.9,4.2,3.1
1850 END
```

Literatur

Baumann, U.: Psychologische Taxometrie. Bern 1971.

Bock, H.: Automatische Klassifikation. Göttingen 1974.

Buining, A.F.H.: Die Gattung Discocactus Pfeiffer. Eine Revision bekannter und Diagnosen neuer Arten. Buiningfonds, Succulenta 1980.

(*) Eckes, T. & Roßbach, H.: Clusteranalysen. Stuttgart 1980.

(*) Everitt, B.: Cluster Analysis. London 1974.

Gleser, G.: Quantifying Similarity between People. In: Katz, M. et al. (Eds): The Role and Methodology of Classification in Psychiatry and Psychopathology. Rochville 1971, S.201-210.

Sattah, S. & Tversky, A.: Additive Similarity Trees. Psychometrika 42, 1977, S. 319-345.

Späth, H.: Cluster-Analyse-Algorithmen zur Objektklassifizierung und Datenreduktion. München 1977/a.

Späth, H.: Fallstudien Cluster-Analyse. München 1977/b.

Sneath, P. & R. Sokal: Numerical Taxonomy. The Principals and Practice of Numerical Classification. San Francisco 73.

(*) Steinhausen, D. & Langer, K.: Clusteranalyse. Berlin 1977.

Überla, K.: Faktorenanayse. Berlin 1968.

Vogel, F.: Probleme und Verfahren der numerischen Klassifikation. Göttingen 1975.

Ward, J.H.: Hierarchical Grouping to Optimize an Objective Function. Journal of the American Statistical Association 58, 1963, S. 236-244.

Ward, J.H. & Hook, M.E.: Application of an Hierarchical Grouping Procedure to a Problem of Grouping Profiles. Educational and Psychological Measurement 23, 1963, S.69-81.

Wishart, D.: Clustan 1C User Manual. London 1975.

3.2 KONFIGURATIONSFREQUENZANALYSE (KFA)

Typenbegriffe sind seit der Antike bekannt, es sei nur auf die Temperamentstypen des Hippokrates verwiesen. Psychopathologische Typen gibt es heute eine ganze Reihe. Allen diesen Typenbildungen ist gemeinsam, daß sie phänomenologisch intuitiv entwickelt wurden, statistisch abgesichert sind die wenigsten. Außerdem sind die "Antitypen" noch nicht systematisch untersucht worden.

Als zweites taxometrisches Verfahren sei dehalb das Verfahren zur konfiguralen Typendefinition, die Konfigurationsfrequenzanalyse (KFA), vorgestellt. Wachsende Beliebtheit erfuhr die KFA nicht nur bei Psychologen und Psychiatern, sondern auch bei Mikrobiologen, die ja schier unerschöpflich große Stichproben abzählen können.

Bei der von Krauth und Lienert entwickelten KFA handelt es sich um eine multivariate Methode zur Aufdeckung von Typen und Syndromen bei niedrigem Skalenniveau. Im Prinzip werden bei der KFA die beobachteten Konfigurationsfrequenzen (H_*) mit den erwarteten Häufigkeiten (E_*) verglichen. Überfrequente Konfigurationen definiert man als **Typen** (Konfigurationstypen) oder taxometrische Klassen. In diesen Fällen sind die beobachteten Häufigkeiten größer als die Erwartungswertschätzungen ($H_* > E_*$). Unterfrequente Konfigurationen werden als **Antitypen** (Konfigurationsantitypen) bezeichnet, wenn die beobachteten Häufigkeiten kleiner als die Erwartungswertschätzungen sind ($H_* < E_*$). Typen und Antitypen werden schließlich Signifikanztests unterzogen.

Der konfigurale Typenbegriff ist elegant und basiert auf dem stochastischen Modell der mehrdimensionalen Kontingenzanalyse. "Typen sollen nicht dadurch definiert sein, daß bestimmte Merkmalskonfigurationen häufiger als andere auftreten, wie in der intuitiven Typenkonzeption impliziert, sondern dadurch, daß sie häufiger auftreten als aufgrund der Häufigkeit der

Einzelmerkmale unter der Nullhypothese ihrer totalen Unabhängigkeit zu erwarten ist, wie in der konfiguralen Typenkonzeption impliziert." (Krauth & Lienert 1973, S.30f.)

Voraussetzung für die Interpretation der Typen und Antitypen ist die klassifikatorische Wirksamkeit der gesamten KFA, was heißt, die berücksichtigten Variablen dürfen nicht voneinander unabhängig sein. Sind die Variablen untereinander unabhängig, so wäre ein Typ oder Antityp nur zufällig signifikant, die KFA ist in einem solchen Fall nicht weiter interpretierbar.

Da die Zellenbesetzungen für die Erwartungsschätzwerte beim Chiquadrat-Test mindestens 5 sein sollten, ist es häufig notwendig, sofern nicht Daten von sehr großen Stichproben vorliegen, am Mittelwert zu dichotomisieren. Bei relativ gleichverteilten Ausprägungen der Variablen muß die Stichprobengröße $N > 5*2^m$ (m = Anzahl der Variablen) betragen. Für kleinere Stichproben kann der Fisher- bzw. Binominal-Test verwendet werden (vgl. Siegel 1976).

Eine weitere wichtige Voraussetzung beim Einsatz der KFA und bei der Dichotomisierung der Daten an einem Mittelwert ist die hinreichende Reliabilität der Variablen.

Im folgenden wird die KFA in zwei Abschnitten anhand von Beispielen besprochen:

1. Die Einstichproben - KFA und
2. die Zwei- und Mehrstichproben - KFA

3.2.1 **Ein-Stichproben KFA**

Das Datenmaterial wird zunächst gemäß der Kombinationsstruktur der Merkmale geordnet (In unserem Beispiel verwenden wir drei Variablen.):

Jedes Merkmal (X,Y,Z) liege in zwei Ausprägungen vor:

X (+,-), Y (+,-), Z (+,-)

Merkmal X steht für "Wohngegend" mit den Alternativen: "Stadt (+) und Land (-)";
Merkmal Y steht für "Geschlecht" mit den Alternativen: "männlich (+) und weiblich(-)";
Merkmal Z steht für "Berufstätigkeit" mit den Alternativen: "berufstätig (+) und nicht berufstätig (-)".

Es soll geprüft werden, ob Frauen, die in der Stadt wohnen, häufiger berufstätig sind (s. Bortz 1979). Um ein vollständiges Bild zu erhalten wurden die Häufigkeiten für alle Merkmalskombinationen ausgezählt.

Merkmale			beobachtete Häufigkeit
X	Y	Z	H_{xyz}
+	+	+	120
+	+	-	15
+	-	+	70
+	-	-	110
-	+	+	160
-	+	-	10
-	-	+	20
-	-	-	135
			Summe = 640

Als Test für die allgemeine klassifikatorische Wirksamkeit der KFA unter der Nullhypothese H_0 (= totale Unabhängigkeit der Merkmale) vergleichen wir:

$$\chi^2_{gesamt} = \sum_{x=1}^{2} \sum_{y=1}^{2} \sum_{z=1}^{2} \frac{(H_{xyz}-E_{xyz})^2}{E_{xyz}}$$

mit der Prüfgröße $\chi^2_{df,\alpha}$ bei df = $2^3 - 3 - 1 = 4$.

H_0 wird beibehalten, wenn gilt $\chi^2_{gesamt} < \chi^2_{df,\alpha}$.

H_0 wird zurückgewiesen, wenn: $\chi^2_{gesamt} \geq \chi^2_{df,\alpha}$.

In unserem Beispiel konnte die Nullhypothese auf dem 5% Signifikanzniveau zurückgewiesen werden; die KFA ist damit wirksam und läßt sich hinsichtlich ihrer Typen und Antitypen interpretieren.

Die Erwartungshäufigkeiten errechnen sich (aus der Randsummenverteilung) bei den drei Merkmalen X, Y, Z, für die z.B. gilt: (+,+,+), aus der Summe aller Häufigkeiten der drei Merkmale m mit den zugehörigen Merkmalsausprägungen, gemessen an der in diesem Fall (m = 3) quadrierten Stichprobengröße ($N^{m-1} = N^2$):

$$E_{+++} = \frac{\Sigma X(+) * \Sigma Y(+) * \Sigma Z(+)}{N^2}$$

$$= (120+15+70+110)*(120+15+160+10)*(120+70+160+20)/642^2$$

$$= 315*305*370/642^2 = 86.79 \ .$$

Der zugehörige Chiquadratwert ist dann:

$$\chi^2 = (F_{+++} - E_{+++})^2/E_{+++}$$

$$= (120-86.79)^2/86.79 = 12.71 \ .$$

Die Nullhypothese H0: $F_{+++} = E_{+++}$ prüfen wir an der Chiquadratverteilung.

Bei $F_{+++} > E_{+++}$ ist der Konfigurationstyp überfrequent (= Typ);

Bei $F_{+++} < E_{+++}$ ist der Konfigurationstyp unterfrequent (= Antityp).

Da mehr als ein Test durchgeführt wird - bei 3 Merkmalsausprägungen sind das $2^3 = 8$ Einzeltests - empfehlen Krauth und Lienert eine Anpassung des Signifikanzniveaus α (z.B. 0.05) nach Bonferroni vorzunehmen. Die neue Signifikanzgrenze wäre danach:

$$\alpha^* = \alpha / t \;;$$

t sei die Anzahl der Konfigurationen bzw Tests. In unserem Fall ist:

$$t = 2^3 = 8 \;.$$

Neues Signifikanzniveau für den einzelnen Test wäre in unserem Beispiel $\alpha^* = 0.05/8 = 0.00625$.

Zur Beschreibung der praktischen Bedeutsamkeit (Prägnanz) eines signifikanten Untersuchungsergebnisses wurde der Prägnanzkoeffizient Q in den Wertegrenzen zwischen Ø (= keine Prägnanz) und 1 (maximale Prägnanz) definiert:

$$Q = \frac{F-E}{\mathrm{Max}(E, N-E)} = \frac{2|F-E|}{N+|2E-N|} \;;$$

▸ $Q = 1$ falls: 1) $E \leqslant N/2$ und $F = N$,
2) $E \geqslant N/2$ und $F = Ø$;

▸ $Q = 0$ falls $F = Ø$.

Ein Prägnanzkoeffizient nahe Null spricht für schwache Typenausprägung; ein Wert nahe Eins ist gleichbedeutend mit einer starken Typenausprägung. Meist liegen die Werte nicht allzu hoch, so daß man sich mit einem bloßen Vergleich der Koeffizienten zufrieden gibt.

Ablehnungsbereich eines asymptotischen Tests für Q^2 (vgl. Krauth & Lienert, S.34):

$$Q^2 > \frac{4E}{(N+|2E-N|)^2} * \chi^2_{\alpha, df=1} \, .$$

Ergebnis

ANZAHL DER MERKMALE (MAX. 7): 3
SIGNIFIKANZNIVEAU: .05

KONFIGURATION 1 2 3	H	E	CHI^2	P	Q	
+ + +	120.00	86.79	12.71	0.000686	0.060	S/T
+ + -	15.00	63.33	36.88	0.000002	0.084	S/A
+ - +	70.00	95.32	6.73	0.009439	0.046	
+ - -	110.00	69.56	23.51	0.000029	0.071	S/T
- + +	160.00	89.54	55.44	0.000000	0.128	S/T
- + -	10.00	65.34	46.87	0.000001	0.096	S/A
- - +	20.00	98.35	62.42	0.000000	0.145	S/A
- - -	135.00	71.77	55.71	0.000000	0.111	S/T
GESAMT	640.00	640.00	300.27	0.000000	FG = 4	S

Die KFA liefert vier signifikante Typen sowie drei signifikante und einen nicht signifikanten Antitypen.

I. Typen im Sinne der KFA sind:
   1) Wohngegend-Stadt/Land, Geschlecht-männlich, berufstätig und
   2) Wohngegend-Stadt/Land, Geschlecht-weiblich, nicht berufstätig.

II. Antitypen bilden die Konfigurationen:
   1) Wohngegend-Stadt/Land, Geschlecht-männlich, nicht berufstätig und
   2) Wohngegend-Land, Geschlecht-weiblich, berufstätig.

III. Einen nicht signifikanten Antityp bildet die Merkmalskombination: Wohngegend-Stadt, Geschlecht-weiblich, berufstätig

Mit diesen Ergebnissen kann die oben gestellte Frage vollständig beantwortet werden: Frauen sind eher nicht berufstätig, egal ob sie auf dem Land wohnen oder in der Stadt leben. Männer sind eher berufstätig unabhängig davon wo sie wohnen. Für berufstätige Frauen in der Stadt konnte kein signifikanter Typ gefunden werden.

Es sei davor gewarnt, die KFA nur an einer Stichprobe durchzuführen und die vorgefundenen Typen bzw. Antitypen als gesichert anzunehmen, ohne eine Kreuzvalidierung vorgenommen zu haben (siehe: Zwei-Stichproben KFA).

Programm (7367 Bytes)

```
10 REM * KONFIGURATIONSFREQUENZANALYSE (KFA) * CHEAIB/HAF *
20 DIM E(128),F(128),S(3),Z$(128,7),Z1$(128)
30 READ S(1),S(2),S(3),F1,F2,L$
40 DATA 0,0,0,1,1000,"                   "
50 S$="------------------------------------"
60 PRINT L$;"*********************************"
70 PRINT L$;"*      EINSTICHPROBEN-KFA       *"
80 PRINT L$;"*********************************"
90 PRINT
100 READ M,A1
110 PRINT L$;"ANZAHL DER MERKMALE (MAX. 7):";M
120 PRINT L$;"SIGNIFIKANZNIVEAU:";A1
130 IF M>1 AND M<8 THEN 170
140 PRINT L$;"ANZAHL DER MERKMALE ZU KLEIN ODER ZU GROSS"
150 GOTO 1130
160 REM --- MERKMALSMUSTER BESTIMMEN
170 N1=2^M
180 A1=A1/N1
190 FOR I=1 TO N1
200   FOR J=1 TO M
210          Z$(I,J)="+ "
220   NEXT J
230 NEXT I
240 N2=N1
250 FOR I=1 TO M
260   N2=N2/2
270   N3=-1
280   N3=N3+2
290   N4=1+N2*N3
300   IF N4>N1 THEN 360
310   N5=N2+N4-1
320   FOR J=N4 TO N5
```

```
330             Z$(J,I)="- "
340     NEXT J
350     GOTO 280
360 NEXT I
370 REM --- EINLESEN DER HAEUFIGKEITEN
380 FOR I=1 TO N1
390     Z1$(I)=Z$(I,1)
400     FOR J=2 TO M
410             Z1$(I)=Z1$(I)+Z$(I,J)
420     NEXT J
430     READ F(I)
440     S(1)=S(1)+F(I)
450 NEXT I
460 PRINT
470 PRINT
480 REM --- SCHAETZWERTE 'E', SOWIE CHI-QUADRAT-WERTE
490 PRINT "KONFIGURATION        H         E    CHI^2";
          "             P        Q"
500 A$=STR$(1)
510 FOR I=2 TO M
520     A$=A$+STR$(I)
530 NEXT I
540 PRINT A$
550 PRINT S$+S$
560 FOR I=1 TO N1
570     E(I)=1
580     FOR J=1 TO M
590             S1=0
600             FOR K=1 TO N1
610                     IF Z$(K,J)=Z$(I,J) THEN LET S1=S1+F(K)
620             NEXT K
630             E(I)=E(I)*S1
640     NEXT J
650     E(I)=E(I)/S(1)^(M-1)
660     S(2)=S(2)+E(I)
670     C=(F(I)-E(I))^2/E(I)
680     S(3)=S(3)+C
690     F5=C
700     GOSUB 920
710     Q=2*ABS(F(I)-E(I))/(S(1)+ABS(2*E(I)-S(1)))
720     A$="  "
730     IF P>A1 THEN 760
740     A$="S/A"
750     IF F(I)>E(I) THEN LET A$="S/T"
760     PRINT "  ";Z1$(I);TAB(13);
770     PRINT USING"  ####.##";F(I);E(I);C;
780     PRINT USING"  ##.######  ##.###";P;Q;
790     PRINT "   ";A$
800 NEXT I
810 PRINT S$+S$
820 F1=2^M-M-1
830 F5=S(3)
840 GOSUB 920
850 PRINT "GESAMT";TAB(13);USING"  ####.##";S(1);S(2);S(3);
860 PRINT USING"  ##.######  &";P;" FG =";
870 IF P>A1*N1 THEN PRINT F1;"  N"
```

```
880 IF P<=A1*N1 THEN PRINT F1;"  S"
890 DATA 3,.05
900 DATA 120,15,70,110,160,10,20,135
910 GOTO 1130
920 REM *** SUBPROG SIGNIFIKANZEN
930 P=1
940 IF F1<>0 AND F2<>0 AND F5<>0 THEN 970
950 PRINT "FEHLER: DIVISION DURCH NULL"
960 GOTO 1120
970 IF F5<1 THEN 1020
980 A=F1
990 B=F2
1000 F=F5
1010 GOTO 1050
1020 A=F2
1030 B=F1
1040 F=1/F5
1050 A2=2/(9*A)
1060 B2=2/(9*B)
1070 Z=ABS(((1-B2)*F^.333333-1+A2)/SQR(B2*F^.666667+A2))
1080 IF B>=4 THEN 1100
1090 Z=Z*(1+.08*Z^4/B^3)
1100 P=.5/(1+Z*(.196854+Z*(.115194+Z*(.000344+Z*.0195227))))^4
1110 IF F5<1 THEN LET P=1-P
1120 RETURN
1130 END
```

3.2.2 Zwei- und Mehrstichproben-KFA

Liegen Untersuchungsergebnisse zweier oder mehrerer unabhängiger Stichproben vor, so können Fragestellungen zur Konfigurationsgleichheit bzw. Kreuzvalidierung untersucht werden.

Die Nullhypothese wäre dann:

> H_0: Die Häufigkeitsverteilungen in den Stichproben sind gleich (die Typen und Antitypen weisen in den Stichproben die gleiche Konfiguration auf; die Stichproben entstammen aus ein und derselben Population).

Im Fall der Nullhypothese erwartet man in allen untersuchten Stichproben gleiche Frequenzverteilungen d.h. die gleiche Verteilung der Typen und Antitypen bei den einzelnen Merkmalskombinationen.

Anwendungsbeispiel

Eine angehende Soziologin möchte in ihrer Diplomarbeit die damals gefundenen Konfigurationen (vgl. Bortz 79) zu den drei Variablen "Geschlecht" (X), "Wohngegend" (Y), und "Berufstätigkeit" (Z) einer Kreuzvalidierung unterziehen.

Die Variablen seien wie damals definiert:

Merkmal X steht für "Wohngegend" mit den Alternativen:
"Stadt (+) und Land (-)";
Merkmal Y steht für "Geschlecht" mit den Alternativen:
"männlich (+) und weiblich (-)";
Merkmal Z für "Berufstätigkeit" mit den Alternativen:
"berufstätig (+) und nicht berufstätig (-)".

Das vorher festgelegte Signifikanzniveau sei ebenfalls $\alpha=0.05$. Zu den acht möglichen Merkmalskombinationen erhob die Studentin folgende Daten:

Merkmale X	Y	Z	H'_{xyz}
+	+	+	80
+	+	-	12
+	-	+	52
+	-	-	85
-	+	+	120
-	+	-	7
-	-	+	26
-	-	-	99
			Summe = 481

Mit der Zweistichproben-KFA werden die Daten von Bortz nun einer Überprüfung unterzogen (Nullhypothese wie oben).

Ergebnis

ANZAHL DER MERKMALE (MAX. 7): 3
ANZAHL DER STICHPROBEN (MAX. 5): 2
SIGNIFIKANZNIVEAU: .05

EINGABEDATEN KONFIGURATION	HAEUFIGKEITEN F 1	F 2	SUMME
+ + +	120.00	80.00	200.00
+ + -	15.00	12.00	27.00
+ - +	70.00	52.00	122.00
+ - -	110.00	85.00	195.00
- + +	160.00	120.00	280.00
- + -	10.00	7.00	17.00
- - +	20.00	26.00	46.00
- - -	135.00	99.00	234.00
SUMME	640.00	481.00	1121.00

KONFIGURATION 1 2 3	ERWARTUNGSWERTE E 1	E 2
+ + +	114.18	85.82
+ + -	15.41	11.59
+ - +	69.65	52.35
+ - -	111.33	83.67
- + +	159.86	120.14
- + -	9.71	7.29
- - +	26.26	19.74
- - -	133.60	100.41
SUMME	640.00	481.00

KONFIGURATION 1 2 3	CHI-QUADRAT-WERTE C 1	C 2	SUMME
+ + +	0.29626	0.39420	0.69046
+ + -	0.01116	0.01485	0.02601
+ - +	0.00174	0.00231	0.00405
+ - -	0.01587	0.02111	0.03698
- + +	0.00013	0.00017	0.00030
- + -	0.00893	0.01188	0.02081
- - +	1.49324	1.98685	3.48010
- - -	0.01478	0.01966	0.03444
SUMME	1.84211	2.45104	4.29315

FG = 14 , P-WERT = 0.0000059 SIGNIF.

Die Nullhypothese kann zurückgewiesen werden ($p < \alpha$), die Häufigkeitsverteilungen der beiden Stichproben unterscheiden sich signifikant voneinander. Genauere Analysen zur Frage der Repräsentativität der Stichproben müßten nun folgen. Eventuell gibt eine Einstichproben-KFA Aufschluß über die Unterschiede in den acht Zeilen. Abgesehen davon ist die Prägnanz der Typen/Antitypen schon bei Bortz nicht sehr ausgeprägt, was zu berücksichtigen wäre.

Programm (10584 Bytes)

```
10 REM * KONFIGURATIONSFREQUENZANALYSE (KFA) * CHEAIB/HAF *
20 DIM E(5,128),F(5,128),Z1$(128),S1(5),Z1(128),E1(5)
30 READ F2,F5,L$,K$,N
40 DATA 1000,0,"                    ","KONFIGURATION   ",0
50 S$="-------------------------------------"
60 PRINT L$;"*****************************************"
```

```
70 PRINT L$;"*          ZWEI- UND MEHRFACHE KFA          *"
80 PRINT L$;"****************************************"
90 PRINT
100 READ M,M1,A1
110 PRINT "ANZAHL DER MERKMALE (MAX. 7):";M
120 PRINT "ANZAHL DER STICHPROBEN (MAX. 5):";M1
130 PRINT "SIGNIFIKANZNIVEAU:";A1
140 IF M>1 AND M<8 THEN 180
150 PRINT L$;"ANZAHL DER MERKMALE UND/ODER DER STICHPROBEN";
         "UNZULAESSIG "
160 GOTO 1550
170 REM --- MERKMALSMUSTER BESTIMMEN
180 N1=2^M
190 A1=A1/N1
200 N2=N1/2
210 FOR I=1 TO N2
220 Z1$(I)="+ "
230 Z1$(N2+I)="- "
240 NEXT I
250 FOR I=2 TO M
260 N3=0
270 N2=N2/2
280 N3=N2/2
290 N4=+1
300 N5=N4+N3
310 FOR J=N4 TO N5
320 Z1$(J)=Z1$(J)+"+ "
330 Z1$(J+N2)=Z1$(J+N2)+"- "
340 NEXT J
350 N4=N4+2*N2
360 IF N4<N1 GOTO 300
370 NEXT I
380 FOR J=1 TO M1
390 S1(J)=0
400 E1(J)=0
410 NEXT J
420 REM --- EINLESEN DER HAEUFIGKEITEN
430 PRINT
440 PRINT "EINGABEDATEN    HAEUFIGKEITEN"
450 PRINT K$;TAB(17);
460 FOR J=1 TO M1
470 PRINT "    F";J;"   ";
480 NEXT J
490 PRINT " SUMME"
500 PRINT S$+S$
510 FOR I=1 TO N1
520 PRINT " "+Z1$(I);TAB(14);
530 FOR J=1 TO M1
540 READ F(J,I)
550 Z1(I)=Z1(I)+F(J,I)
560 S1(J)=S1(J)+F(J,I)
570 PRINT USING" #####.##";F(J,I);
580 NEXT J
590 PRINT USING" #####.##";Z1(I)
600 NEXT I
610 PRINT S$+S$
```

```
620 PRINT " SUMME";TAB(14);
630 FOR J=1 TO M1
640 PRINT USING" #####.##";S1(J);
650 N=N+S1(J)
660 NEXT J
670 PRINT USING" #####.##";N
680 PRINT
690 REM ---- SCHAETZWERTE 'E'
700 PRINT K$;"   ERWARTUNGSWERTE"
710 A$=STR$(1)
720 FOR I=2 TO M
730 A$=A$+STR$(I)
740 NEXT I
750 PRINT A$;TAB(17);
760 FOR I=1 TO M1
770 PRINT "    E";I;"  ";
780 NEXT I
790 PRINT
800 PRINT S$+S$
810 FOR I=1 TO N1
820 PRINT " "+Z1$(I);TAB(14);
830 FOR J=1 TO M1
840 E(J,I)=Z1(I)*S1(J)/N
850 E1(J)=E1(J)+E(J,I)
860 PRINT USING" #####.##";E(J,I);
870 NEXT J
880 PRINT
890 NEXT I
900 PRINT S$+S$
910 PRINT " SUMME";TAB(14);
920 FOR J=1 TO M1
930 PRINT USING" #####.##";E1(J);
940 S1(J)=0
950 NEXT J
960 PRINT
970 PRINT
980 REM ---- CHI-QUADRAT
990 PRINT K$;"   CHI-QUADRAT-WERTE"
1000 PRINT A$;TAB(17)
1010 FOR I=1 TO M1
1020 PRINT "    C";I;"  ";
1030 NEXT I
1040 PRINT " SUMME"
1050 PRINT S$+S$
1060 FOR I=1 TO N1
1070 Z1(I)=0
1080 PRINT " "+Z1$(I);TAB(14);
1090 FOR J=1 TO M1
1100 F(J,I)=(F(J,I)-E(J,I))^2/E(J,I)
1110 Z1(I)=Z1(I)+F(J,I)
1120 S1(J)=S1(J)+F(J,I)
1130 PRINT USING" ##.#####";F(J,I);
1140 NEXT J
1150 PRINT USING" ##.#####";Z1(I)
1160 NEXT I
1170 PRINT S$+S$
```

```
1180 PRINT " SUMME";TAB(14)
1190 F5=0
1200 FOR J=1 TO M1
1210 PRINT USING" ##.#####";S1(J);
1220 F5=F5+S1(J)
1230 NEXT J
1240 PRINT USING" ##.#####";F5
1250 PRINT
1260 F1=(M-1)*(N1-1)
1270 GOSUB 1340
1280 C$="NICHT SIGNIF."
1290 IF P<A1 THEN LET C$="SIGNIF."
1300 PRINT "FG =";F1;",   P-WERT =";USING" ##.#######  &";P;C$
1310 DATA 3,2,.05
1320 DATA 120,80,15,12,70,52,110,85,160,120,10,7,20,26,135,99
1330 GOTO 1550
1340 REM *** SUBPROG SIGNIFIKANZEN
1350 P=1
1360 IF F1<>0 AND F2<>0 AND F5<>0 THEN 1390
1370 PRINT "FEHLER: DIVISION DURCH NULL"
1380 GOTO 1540
1390 IF F5<1 THEN 1440
1400 A=F1
1410 B=F2
1420 F=F5
1430 GOTO 1470
1440 A=F2
1450 B=F1
1460 F=1/F5
1470 A2=2/(9*A)
1480 B2=2/(9*B)
1490 Z=ABS(((1-B2)*F^.333333-1+A2)/SQR(B2*F^.666667+A2))
1500 IF B>=4 THEN 1520
1510 Z=Z*(1+.08*Z^4/B^3)
1520 P=.5/(1+Z*(.196854+Z*(.115194+Z*(.000344+Z*.0195227))))^4
1530 IF F5<1 THEN LET P=1-P
1540 RETURN
1550 END
```

Literatur

(*) Bortz, J.: Lehrbuch der Statistik. Berlin, Heidelberg, New York 1979.

(*) Krauth, J. & Lienert A.: Die Konfigurationsfrequenzanalyse (KFA). Freiburg, München 1973.

Overall, J. & Klett J.: Applied multivariate Analysis. McGraw-Hill 1972 (v.a. S.329ff).

Siegel, S.: Nichtparametrische statistische Methoden. Frankfurt 1976.

4 Faktorenanalytische Methoden

Ursprünglich wurde die Faktoranalyse in enger Verbindung mit der psychologischen Intelligenz- und Persönlichkeitsforschung konzipiert und weiterentwickelt. Erst später setzte man sie auch bei anderen Fragestellungen ein. Inzwischen findet die Faktoranalyse in den verschiedensten Natur- und Verhaltenswissenschaften Verwendung, soweit es um die Frage geht, eine Menge von Phänomenbereichen mit wenigen, voneinander unabhängigen Faktoren zu beschreiben.

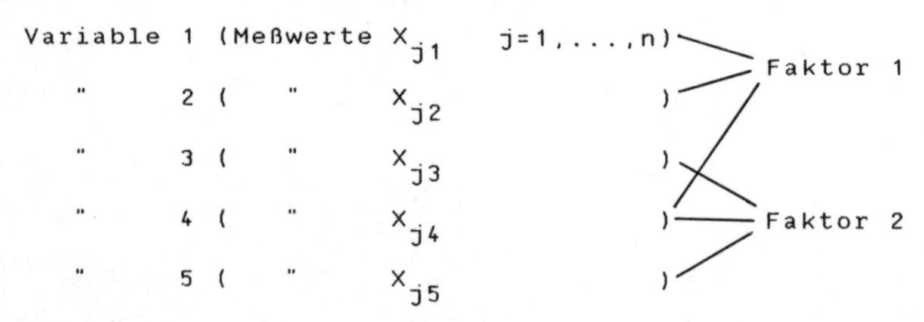

= direkt beobachtbare bzw. meßbare Variablen.

= nicht direkt beobachtbare und meßbare Faktoren.

Dabei geht man davon aus, "daß das Meßbare nur eine Erscheinungsform von Größen ist, die im Hintergrund stehen und die man nicht direkt messen kann" (Überla, K., 1968, S.2).

Das allgemeine Modell ist:

$$X_{ij} = f\,(F_{1j}, F_{2j}, \ldots, F_{rj}) + E_{ij}$$

Die beobachtbare Reaktion oder Meßgröße X_{ij} setzt sich demnach aus der Wirkung der einzelnen Faktoren und dem Fehler E_{ij} zusammen. Die Faktoren sind als unabhängig voneinander zu verstehen, wobei ihre Anzahl die Dimensionalität der Gesamtstruktur festlegt. Deshalb hat sich auch der Begriff der "Dimensionsanalyse" durchgesetzt, weil jeder extrahierte Faktor als räumliche Dimension aufgefaßt werden kann:

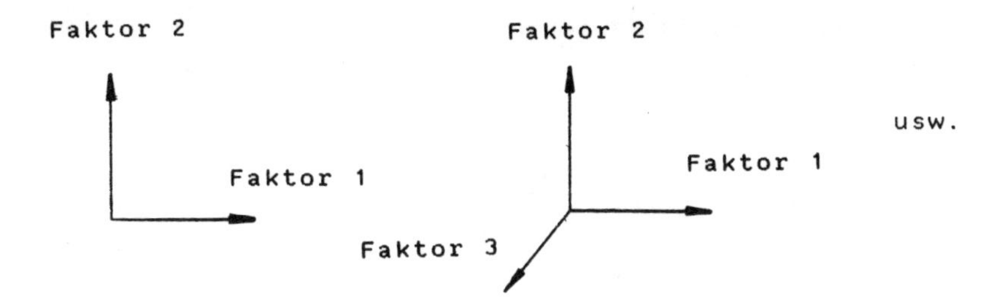

Der Begriff "Faktor" wird nicht wie in der Umgangssprache gebraucht, sondern man meint eine mathematische Struktur, die sich aus beobachtbaren Größen und deren Interkorrelationen extrahieren läßt. Gefragt wird nach der optimalen Zusammenhangshypothese, die hinter den mehr oder weniger korrelierenden Merkmalen steht.

Wie bei allen anderen statistisch-empirischen Methoden kann auch hier das Ergebnis nur so gut sein wie der Untersuchungsplan und die Instrumente zur Datenerhebung. Selbstverständlich hängen die mit Hilfe der Faktorenanalyse gefundenen Lösungen von der zugrundeliegenden Erhebungsstichprobe ab. Erst bei gleichen Ergebnissen über verschiedene Stichproben hinweg kann von "faktorieller Validität" gesprochen werden.

Ausgangspunkt zur Ermittlung der Faktoren bilden die Korrelationen zwischen je zwei Variablen, dargestellt in einer Korrelationsmatrix z.B.:

	V1	V2	V3	V4
V1	(1.00)	.31	.79	.04
V2		(1.00)	.81	.60
V3			(1.00)	.55
V4				(1.00)

Bereits bei m=10 Variablen liegen m(m-1)/2 = 45 Interkorrelationen vor. Die mit steigender Variablenzahl rasch anwachsende Menge von Korrelationskoeffizienten kann in ihrer Struktur nicht mehr ohne weiteres verstanden und interpretiert werden.

Die wichtigste Funktion der Faktoranalyse ist deshalb, eine übersichtliche Charakteristik des Beobachtungsmaterials und damit die Reduktion von Information zu ermöglichen.

Der Zusammenhang zweier Variablen läßt sich bei metrisch skalierten Daten durch die Summe aller Produkte der Abweichungen zweier Meßwerte ($X_i;Y_i$ $i=1,...n$) von ihren Mittelwerten ($\overline{X}=\sum_{i=1}^{n} X_i/n$; $\overline{Y}=\sum_{i=1}^{n} Y_i/n$), gemessen an der Anzahl der Wertpaare und der Streuungen beider Meßreihen:

$$s_x=\sqrt{(\sum_{i=1}^{n}(X_i-\overline{X})/n)}\ ,$$

$$s_y=\sqrt{(\sum_{i=1}^{n}(Y_i-\overline{Y})/n)}$$

beschreiben.

Dieser standardisierte Koeffizient r_{xy} heißt Produkt-Moment-Korrelationskoeffizient (auch Bravais-Pearson-Korrelationskoeffizient).

$$r_{xy}=\frac{(X_i-\overline{X})*(Y_i-\overline{Y})}{n*s_x*s_y}\ .$$

Durch einfache Umformung dieser Formel erhalten wir den im Programm verwendeten Ausdruck:

$$r_{xy}=\frac{n\sum_{i=1}^{n}X_i*Y_i-\sum_{i=1}^{n}X_i*\sum_{i=1}^{n}Y_i}{\sqrt{(n\sum_{i=1}^{n}X_i^2-(\sum_{i=1}^{n}X_i)^2)*(n\sum_{i=1}^{n}Y_i^2-(\sum_{i=1}^{n}Y_i)^2)}}\ ;$$

r_{xy} kann Werte zwischen -1 und +1 annehmen:

$$-1\leq r_{xy}\leq +1\ ;$$

$r_{xy} = -1$, bei maximalem negativen Zusammenhang:

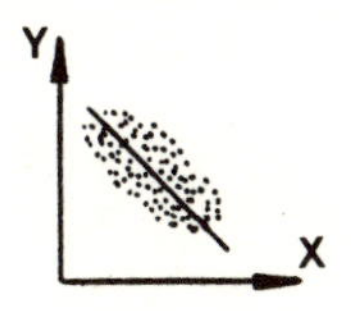

$r_{xy} = 0$, wenn kein statistischer Zusammenhang vorliegt:

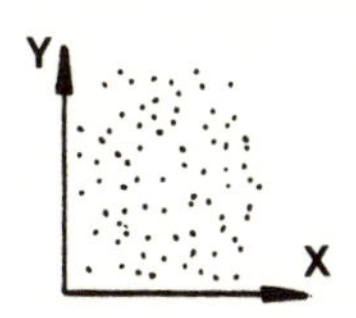

$r_{xy} = +1$, bei maximalem positiven Zusammenhang:

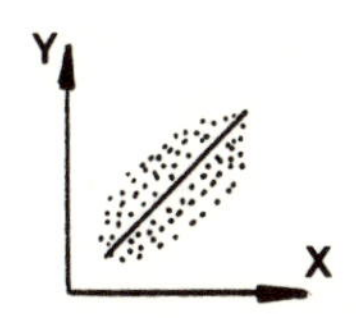

Je größer der Absolutbetrag von r_{xy} ist, desto stärker ist der Zusammenhang; das Vorzeichen ist der Zeiger für die Richtung des Zusammenhangs.

Mit dem Produkt-Moment-Korrelationskoeffizienten lassen sich aber nur lineare Beziehungen zwischen den Variablen korrekt beschreiben. Bei kurvilinearen Zusammenhängen entspricht die Aussage von r_{xy} nicht den tatsächlichen Verhältnissen, d.h.: $|r_{xy}|$ wird dann unterschätzt.

Beispiele für nicht-lineare Zusammenhänge:

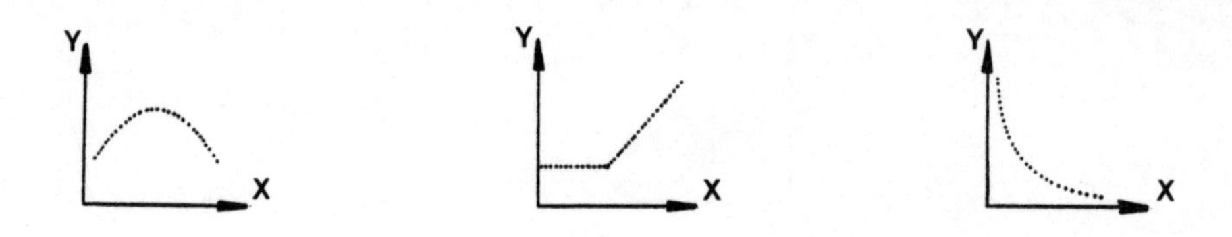

Die Übernahme der oben beschriebenen Formel bei ordinalskalierten Meßdaten führt häufig zu irreführenden Ergebnisse und sollte daher vermieden werden.

Auch muß das Ergebnis einer Faktoranalyse bei Korrelationskoeffizienten für ordinales (z.B. Spearman's Tau) und nominales Meßniveau (z.B. Phi-Koeffizient) äußerst kritisch interpretiert werden, obwohl verschiedene Autoren die Faktoranalyse als ziemlich robustes Verfahren ansehen. Ein knapper Überblick zu diesem Problem ist in G. Arminger (1979, S.147 ff.) enthalten.

Vektorielle Darstellung des Korrelationskoeffizienten r_{xy}:

Der Prod.-Moment-Korrel.-Koeffizient r_{xy} läßt sich auch graphisch darstellen durch den Winkel zwischen den standardisierten Einheitsvektoren der Varianzen zweier Variablen s_x^2 und s_y^2 ($s_x^2 = s_y^2 = 1$). Formal gilt dann für r_{xy} das Produkt zwischen den beiden Vektorenlängen und dem Cosinuswert des eingeschlossenen Winkels.

Allgemein gilt:

$$r_{xy} = s_x^2 * s_y^2 * \cos(\alpha_{xy}) \ .$$

Beispiele:

$$r_{xy} = s_x^2 * s_y^2 * \cos(0^\circ) = 1.00$$

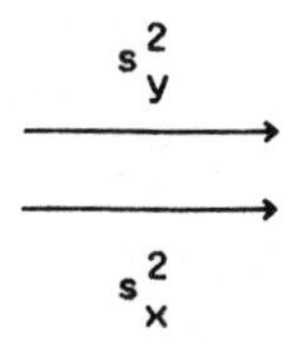

$$r_{xy} = s_x^2 * s_y^2 * \cos(90^\circ) = 0.00$$

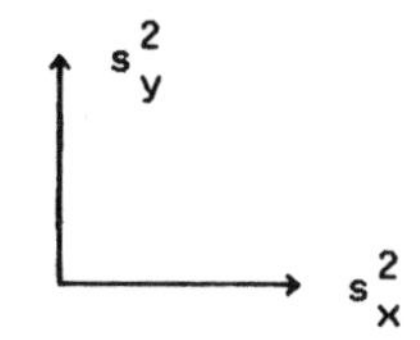

$$r_{xy} = s_x^2 * s_y^2 * \cos(180^\circ) = -1.00$$

180°

s_y^2 ← • → s_x^2

Es läßt sich im Beispiel von oben die ganze Korrelationsmatrix mit den Winkeln zwischen den standardisierten Varianzvektoren darstellen:

	V1	V2	V3	V4
V1	(0°)	72°	38°	88°
V2		(0°)	36°	53°
V3			(0°)	57°
V4				(0°)

4.1 Erstellung der Korrelationsmatrix

Bei der Erstellung einer zweidimensionalen Korrelationsmatrix nach der sogenannten "R-Technik" handelt es sich um den gebräuchlichsten Anwendungsfall der Faktorenanalyse. Die invertierte R-Technik führt uns zur Q-Analyse (auch Typenanalyse genannt), bei der nach der Ähnlichkeit oder Unähnlichkeit von Merkmalsträgern gesucht wird. Es läßt sich so bestimmen, wie hoch die einzelnen Objekte auf sogenannten "Typenfaktoren" laden. Statt der Q-Analyse zieht man heute clusteranalytische Verfahren vor (s. Kap. 3.1). Eine gründliche Einführung in die Q-Faktorenanalyse gibt U. Baumann (1971).

Cattell beschrieb vier weitere Methoden in die er auch Zeitpunkte mit einbezog (P-, O-, S- und T-Technik). Darauf wird hier nicht weiter eingegangen.

Rohdatenmatrix

$$
\begin{array}{llllll}
 & & \text{Variable} & & & \\
 & \text{Objekt} & 1 & 2 & \ldots k & \ldots m \\
X = & 1 & x_{11} & x_{12} & \ldots x_{1k} & \ldots x_{1m} \\
 & 2 & x_{21} & \ldots & & \\
 & & . & . & & . \\
 & & . & . & & . \\
 & i & x_{i1} & \ldots & & \\
 & & . & . & & \\
 & n & x_{n1} & x_{n2} & \ldots x_{nk} & \ldots x_{nm}
\end{array}
$$

Korrelationsmatrix (R-Technik):

	Variable			
Variable	1	2	...k	..m
$X \rightarrow V$ = 1	v_{11}	v_{12}	$...v_{1k}$	$..v_{1m}$
2	v_{21}	...		
	.	.		.
	.	.		.
i	v_{i1}	...		
	.	.		
m	v_{m1}	v_{m2}	$...v_{mk}$	$..v_{mm}$

Korrelationsmatrix (Q-Technik):

	Objekt			
Objekt	1	2	...k	..n
$X \rightarrow O$ = 1	o_{11}	o_{12}	$...o_{1k}$	$..o_{1n}$
2	o_{21}	...		
	.	.		.
	.	.		.
i	o_{i1}	...		
	.	.		
n	o_{n1}	o_{n2}	$...o_{nk}$	$..o_{nn}$

Programm (5181 Bytes)

```
10 REM * KORRELTIONSMATRIX * T. CHEAIB - C.-M. HAF *
20 PRINT "                  **********************************"
30 PRINT "                  *        KORRELATIONSMATRIX      *"
40 PRINT "                  **********************************"
50 PRINT
60 READ M,N,Q
70 PRINT "ANZAHL DER VARIABLEN (MAX. 20):";M
80 PRINT "ANZAHL DER OBJEKTE (MAX. 20):";N
90 PRINT "R- ODER Q-TECHNIK (1/0):";Q
100 IF M<21 AND N<21 THEN 130
110 PRINT "     ANZAHL DER VARIABLEN UND/ODER OBJEKTE ZU GROSS"
120 GOTO 700
130 DIM D(20,20),K(20,20)
140 REM --- EINGABE
150 FOR I=1 TO N
160    FOR J=1 TO M
170           READ D(I,J)
180    NEXT J
190 NEXT I
```

```
200 IF Q=0 THEN 340
210 REM --- INVERTIEREN DER MATRIX FUER Q-TECHNIK
220 Q=M
230 IF N>M THEN LET Q=N
240 FOR I=1 TO Q
250   FOR J=I TO Q
260         X=D(I,J)
270         D(I,J)=D(J,I)
280         D(J,I)=X
290   NEXT J
300 NEXT I
310 Q=M
320 M=N
330 N=Q
340 FOR I=1 TO N
350   K(I,I)=1
360   I1=I+1
370   IF I=N THEN 540
380   FOR J=I1 TO N
390         X0=0
400         X =0
410         X2=0
420         Y =0
430         Y2=0
440         FOR K=1 TO M
450               X =X +D(I,K)
460               X2=X2+D(I,K)^2
470               Y =Y +D(J,K)
480               Y2=Y2+D(J,K)^2
490               X0=X0+D(I,K)*D(J,K)
500         NEXT K
510         K(I,J)=(M*X0-X*Y)/SQR((M*X2-X*X)*(M*Y2-Y*Y))
520         K(J,I)=K(I,J)
530   NEXT J
540 NEXT I
550 PRINT
560 PRINT "MATRIX"
570 PRINT "------"
580 FOR I=1 TO N
590   PRINT STR$(I)+":  ";
600   FOR J=1 TO N
610         PRINT USING"###.####";K(I,J);
620   NEXT J
630   PRINT
640 NEXT I
650 REM --------------------
660 DATA 3,4,0
670 DATA 20,24,30,26
680 DATA 30,31,22,22
690 DATA 25,31,19,11
700 END
```

Beispiel

```
ANZAHL DER VARIABLEN (MAX. 10): 3


ANZAHL DER OBJEKTE (MAX. 20): 4
R- ODER Q-TECHNIK (1/0): 0

MATRIX
------
 1:     1.0000  0.9011  0.9177 -0.9737
 2:     0.9011  1.0000  0.6546 -0.9762
 3:     0.9177  0.6546  1.0000 -0.8030
 4:    -0.9737 -0.9762 -0.8030  1.0000
```

4.2 Exploratorische Faktorenanalyse

Liegen noch keine Hypothesen zur Struktur der Faktoren vor, so wird man sich für exploratorische Methoden der Faktorenextraktion entscheiden. Obgleich es in den meisten Fällen Annahmen zur Variablenstruktur geben dürfte, wird die explorative Faktorenanalyse häufig noch als "Methode der Wahl" eingesetzt.

4.2.1 Extraktion der Faktoren

Zur Extraktion der Faktoren aus der Korrelationsmatrix gibt es heute eine Vielzahl von Methoden. Wir beschränken uns hier auf das eher historisch interessante Zentroid-Verfahren von Thurstone, das wir hier dennoch vorstellen wollen, da der Programmieraufwand gering ist und näherungsweise an die Hauptachsenmethode relativ gute Ergebnisse erzielt werden.

Weber (1974) verwendet die Faktorenladungen des Zentroidverfahrens als Ausgang für die iterative Maximum-Likelihood-Methode.

Im Prinzip werden bei der Zentroidmethode die zueinander orthogonalen Koordinaten so gelegt, daß sie durch die Schwerpunkte (Zentroide) von Punktgruppen (Variablencluster) gehen. Der Nullpunkt des Koordinatensystems ist bekannt und wird beibehalten. Gesucht ist eine möglichst kleine Anzahl von Koordinaten. Die erste Achse (Koordinate) wird durch den Schwerpunkt aller Variablen und den Nullpunkt gelegt.

Aus den Residualmatrizen lassen sich die weiteren Faktoren extrahieren. Zur Ermittlung des neuen Schwerpunktes ist es notwendig, möglichst wenig negative Vorzeichen zu belassen. Die Umkehrung der Vorzeichen nennt man auch Reflexion oder Spiegelung. Mit der Einführung eines Vorzeichenvektors können Spalten/Zeilen gespiegelt werden. Die Änderungsstrategien des Vorzeichenvektors beinhalten aber den subjektiven Moment der Zentroidmethode, da die Auswahl der zu spiegelnden Spalten-

/Zeilen nicht eindeutig festzulegen ist. Deshalb wurde versucht, durch vorher festgelegte Vorgehensregeln "eindeutige" Lösungen zu bestimmen.

Beendet wird das Verfahren wenn die Residualmatrix einer Nullmatrix hinreichend genau entspricht. Für die Entscheidung über die Anzahl der zu extrahierenden Faktoren gibt es kein allgemein anerkanntes Kriterium. Das von uns benutzte Kriterium stammt von Thurstone und verhindert eher, daß zu wenige Faktoren extrahiert werden. Die endgültige Entscheidung über die Anzahl der interpretierbaren Faktoren sollte erst nach der Rotation erfolgen.

Vorgehensweise bei der Zentroidmethode

1. Ordnung n der Korrelationsmatrix einlesen;
2. Kriterium für Anzahl der Faktoren k:

   $$k = (2n+1-\sqrt{8n+1})/2$$
3. Korrelationsmatrix R_{nn} Einlesen:
4. Absolut größter Wert der Spalte bzw. der Zeile wird in die Diagonale D_n geschrieben (Kommunalitätenschätzung);
5. Bilden der Spaltensummen:

   $$W_j = \sum_{i=1}^{n} R_{ij} \qquad j=1,\ldots,n$$
6. Vorzeichenvektor für die Spiegelung ermitteln (Ist eine Spaltensumme negativ, werden die Elemente der Spalte gespiegelt und eine neue Summe errechnet);
7. Ermittlung der Ladungszahl:

   $$S = 1/\sqrt{\sum_{i=1}^{n} |W_i|}$$
8. Berechnung des l-ten Faktors (l=1,...,k):

   $$F_i = W_i * S \qquad i=1,\ldots,n$$

   Faktorelemente haben stets Vorzeichen des Vorzeichenvektors;

9. **Bildung der Residualmatrix:**

$$R_{ij} = R_{ij} - W_i*W_j \qquad i=1,...,n \quad j=1,...,n$$

10. Falls l<k, so geht es mit Punkt 4. weiter.

Ein BASIC-Programm für die Hauptkomponentenanalyse findet sich in dem Buch von M. Meyer (1984): "Ökologische Datensätze".

Programm (5480 Bytes)

```
10 REM * ZENTROIDMETHODE * T. CHEAIB - C.-M. HAF *
20 PRINT "                    ********************************"
30 PRINT "                    *         ZENTROIDMETHODE       *"
40 PRINT "                    ********************************"
50 PRINT
60 DIM R(25,25),W(25),V(25),D(25)
70 D1$="----------------------------------------"
80 D1$=D1$+D1$
90 M0=0
100 READ N
110 M1=INT((2*N+1-SQR(8*N+1))/2)
120 N1=N-1
130 FOR I=1 TO N1
140     I1=I+1
150     FOR J=I1 TO N
160           READ R(I,J)
170    NEXT J
180 NEXT I
190 FOR I=1 TO N
200    FOR J=1 TO N
210           R(J,I)=R(I,J)
220    NEXT J
230 NEXT I
240 FOR I=1 TO N
250    R(I,I)=1
260    PRINT STR$(I)+":  ";
270    FOR J=1 TO N
280           PRINT USING"###.####";R(I,J);
290    NEXT J
300    PRINT
310 NEXT I
320 REM --- ABSOLUT GROESSTER SPALTENWERT IN DER DIAGONALE
330 M0=M0+1
340 FOR I=1 TO N
350    R(I,I)=0
360 NEXT I
370 FOR J=1 TO N
380    D(J)=0
390    FOR I=1 TO N
400           IF R(I,J)=1 THEN 420
410           IF D(J)<ABS(R(I,J)) THEN LET D(J)=ABS(R(I,J))
```

```
420     NEXT I
430  NEXT J
440  REM --- VORZEICHENVEKTOR ZUR SPIEGELUNG
450  FOR I=1 TO N
460     W(I)=0
470     V(I)=1
480     FOR J=1 TO N
490             W(I)=W(I)+R(I,J)
500     NEXT J
510  NEXT I
520  J=1
530  FOR I=2 TO N
540     IF (W(J)*V(J)-W(I)*V(I))<0 THEN 560
550     J=I
560  NEXT I
570  IF W(J)*V(J)>=0 THEN 640
580  V(J)=-V(J)
590  FOR I=1 TO N
600     W(I)=W(I)+2*R(I,J)*V(J)
610  NEXT I
620  GOTO 520
630  REM --- SPIEGELUNG
640  S=0
650  FOR I=1 TO N
660     W(I)=W(I)+D(I)*V(I)
670  NEXT I
680  FOR I=1 TO N
690     S=S+ABS(W(I))
700  NEXT I
710  PRINT D1$
720  PRINT "SUMME";
730  FOR I=1 TO N
740     PRINT USING"###.####";W(I);
750  NEXT I
760  PRINT
770  PRINT D1$
780  PRINT "GESAMTSUMME ";S
790  REM --- LADUNGSZAHLEN
800  S=1/SQR(S)
810  FOR I=1 TO N
820     W(I)=W(I)*S
830  NEXT I
840  REM --- RESIDUAL-MATRIX
850  FOR I=1 TO N
860     FOR J=1 TO N
870             R(I,J)=R(I,J)-W(I)*W(J)
880     NEXT J
890  NEXT I
900  PRINT
910  PRINT STR$(MO)+".FAKTOR"
920  FOR I=1 TO N
930     PRINT USING"###.####";W(I);
940  NEXT I
950  PRINT
960  PRINT
970  PRINT " RESIDUALMATRIX"
```

```
980 FOR I=1 TO N
990   PRINT STR$(I)+":   ";
1000    FOR J=1 TO N
1010          PRINT USING"###.####";R(I,J);
1020    NEXT J
1030 PRINT
1040 NEXT I
1050 IF M0<M1 THEN 330
1060 DATA 9
1070 DATA .29,.29,.22,.33,.24,.26,.35,.14
1080 DATA .22,.21,.10,.26,.21,.22,.03
1090 DATA .31,.28,.45,.35,.34,.24
1100 DATA .11,.27,.15,.18,.07
1110 DATA .50,.38,.35,.19
1120 DATA .73,.59,.45
1130 DATA .39,.44
1140 DATA .58
1150 END
```

Ergebnis

```
 1:    1.0000  0.2900  0.2900  0.2200  0.3300  0.2400  0.2600
       0.3500  0.1400
 2:    0.2900  1.0000  0.2200  0.2100  0.1000  0.2600  0.2100
       0.2200  0.0300
 3:    0.2900  0.2200  1.0000  0.3100  0.2800  0.4500  0.3500
       0.3400  0.2400
 4:    0.2200  0.2100  0.3100  1.0000  0.1100  0.2700  0.1500
       0.1800  0.0700
 5:    0.3300  0.1000  0.2800  0.1100  1.0000  0.5000  0.3800
       0.3500  0.1900
 6:    0.2400  0.2600  0.4500  0.2700  0.5000  1.0000  0.7300
       0.5900  0.4500
 7:    0.2600  0.2100  0.3500  0.1500  0.3800  0.7300  1.0000
       0.3900  0.4400
 8:    0.3500  0.2200  0.3400  0.1800  0.3500  0.5900  0.3900
       1.0000  0.5800
 9:    0.1400  0.0300  0.2400  0.0700  0.1900  0.4500  0.4400
       0.5800  1.0000
-------------------------------------------------------------
SUMME  2.4700  1.8300  2.9300  1.8300  2.7400  4.2200  3.6400
       3.5900  2.7200
-------------------------------------------------------------
GESAMTSUMME  25.97

 1.FAKTOR
  0.4847  0.3591  0.5750  0.3591  0.5377  0.8281  0.7143
  0.7045  0.5337
  .
  .
 2.FAKTOR
  0.2734  0.3265  0.2106  0.3353 -0.0693 -0.2728 -0.2276
 -0.1910 -0.3717
  .
  .
```

```
3.FAKTOR
-0.2382  0.0727  0.0756  0.1286 -0.1052  0.3045  0.2669
-0.3094 -0.1631
  .
  .
4.FAKTOR
-0.1904 -0.0970  0.1398  0.1738 -0.2990 -0.0667 -0.1726
 0.1578  0.3215
  .
  .
5.FAKTOR
 0.0622  0.2289 -0.1459 -0.1041 -0.2759 -0.1049  0.1457
 0.0904  0.2214

  RESIDUALMATRIX
1:    -0.0039  0.0113  0.0074  0.0245  0.0235 -0.0204 -0.0023
       0.0115 -0.0085
2:     0.0113 -0.0524 -0.0138  0.0029 -0.0287  0.0471 -0.0417
       0.0465 -0.0480
3:     0.0074 -0.0138 -0.0213 -0.0163 -0.0050  0.0024  0.0125
      -0.0103  0.0111
4:     0.0245  0.0029 -0.0163 -0.0108 -0.0231  0.0256 -0.0194
       0.0128 -0.0089
5:     0.0235 -0.0287 -0.0050 -0.0231 -0.0761  0.0190 -0.0031
      -0.0024  0.0173
6:    -0.0204  0.0471  0.0024  0.0256  0.0190 -0.0110 -0.0011
       0.0687  0.0009
7:    -0.0023 -0.0417  0.0125 -0.0194 -0.0031 -0.0011 -0.0212
      -0.0600  0.0409
8:     0.0115  0.0465 -0.0103  0.0128 -0.0024  0.0687 -0.0600
      -0.0082  0.0118
9:    -0.0085 -0.0480  0.0111 -0.0089  0.0173  0.0009  0.0409
       0.0118 -0.0490
```

4.2.2 VARIMAX-Rotation

Die Ergebnisse, wie sie die Zentroidmethode oder z.B. die Hauptfaktorenanalyse liefern, sind meist nicht optimal und müssen weiter verarbeitet werden. Ziel der Rotation ist die aufwendungsarme Reproduktion des Datensatzes mit Hilfe weniger Faktoren bzw. Raumkoordinaten. Geometrisch betrachtet: "Ist die durch die Korrelationsmatrix festgelegte Konfiguration so, daß durch eine Rotation fast alle oder sehr viele Variablenvektoren in oder nahe an die Koordinatenhyperebenen gebracht werden konnten, dann spricht man von Einfachstruktur, vorausgesetzt, daß diese Position des Koordinatensystems erreicht ist. Bei einer Zufallskonfiguration kann eine solche eindeutig lokalisierbare Position des Koordinatensystems nicht gefunden werden." (Überla, S.183).

Grob eingeteilt gibt es zwei Gruppen von orthogonalen Rotationsverfahren:

1. Numerische und
2. graphische Methoden.

Mit beiden Verfahrensweisen versucht man sich der Einfachstruktur, wie sie Thurstone definierte, zu nähern (vgl. L. Thurstone 1947).

Einen Kompromiß in Annäherung an die von Thurstone vorgeschlagenen Kriterien stellte H. Kaiser mit der VARIMAX-Rotation vor. Die Methode gründet auf der Maximierung der quadrierten Faktorladungsvarianz. Schließlich ist ein Faktor dann einfach zu interpretieren, wenn die Faktorenladungen nahe bei Null (keine Ladung auf dem jeweiligen Faktor) oder nahe bei ± 1 (hohe Ladung auf dem Faktor) liegen. Das Ladungsmuster eines Faktors ist immer die Grundlage seiner Interpretation. Eine Variable wird demjenigen Faktor zugerechnet auf den sie hoch lädt.

Vorgehensweise bei der VARIMAX-Rotation

1. Eingabe von Faktorenanzahl n und Variablenanzahl m;
2. Einlesen der Faktorenladungen A_{ki} $\qquad i=1,\ldots,n$ $\quad k=1,\ldots,m$
3. Berechnung der Kommunalitäten:

$$C_k = \sum_{i=1}^{n} A_{ki}^2 \qquad k=1,\ldots,n$$

4. Normalisierung der Matrix:

$$A'_{ki} = A_{ki}/\sqrt{C_k} \qquad k=1,\ldots,n$$

5. Iterative Berechnung der Nullstelle nach Kaiser:

a) $n1 = n-1$

b) $U_k = A'^2_{ki} - A'^2_{kj}$

c) $V_k = 2 * A'_{ki} * A'_{kj}$

d) $A1 = \sum_{k=1}^{m} U_k \quad ; \qquad C1 = \sum_{k=1}^{m} (U_k^2 - V_k^2)$

$B1 = \sum_{k=1}^{m} V_k \quad ; \qquad D1 = 2 * \sum_{k=1}^{m} U_k * V_k$

e) $$\tan 4\alpha = \frac{D1-(2*A1*B1/m)}{C1-((A1^2-B1^2)/m)}$$

Hierbei gilt: $i=1,\ldots,n1$
$j=i+1,\ldots,n$
$k=1,\ldots,m$

6. $A''_{ki} = A'_{ki} * \cos\alpha + A'_{kj} * \sin\alpha$ $\qquad i=1,\ldots,n$
$A''_{kj} = -A'_{ki} * \sin\alpha + A'_{kj} * \cos\alpha$ $\qquad j=1,\ldots,n$ $\quad k=1,\ldots,m$

7. Rückgängigmachung der Normalisierung:

$$A_{ki} = A''_{ki} * \sqrt{C_k} \qquad i=1,\ldots,n \quad k=1,\ldots,m$$

8. Berechnung der Varianzanteile:

$$V_k = \left(\sum_{i=1}^{m} A_{ki}^2\right)/m \qquad k=1,\ldots,n$$

Beispiel

Herrmann referiert in seinem "Lehrbuch der Empirischen Persönlichkeitsforschung" eine 1964 von Lienert veröffentlichte Studie zum Intelligenz-Struktur-Test (IST). Lienert untersuchte damals eine Stichprobe von 65 Studenten mit dem Intelligenztest von Amthauer. Der IST enthält neun Subtest:

Satzergänzung (SE),
Wortauswahl (WA),
Analogien (AN),
Gemeinsamkeiten (GE),
Merkaufgaben (ME),
Rechenaufgaben (RA),
Zahlenreihen (ZR),
Figurenauswahl (FA),
Würfelaufgaben (WÜ).

Aus der Rohdatenmatrix ließ sich folgende Korrelationsmatrix errechnen:

	SE	WA	AN	GE	ME	RA	ZR	FA	WÜ
SE									
WA	.29								
AN	.29	.22							
GE	.22	.21	.31						
ME	.33	.10	.28	.11					
RA	.24	.26	.45	.27	.50				
ZR	.26	.21	.35	.15	.38	.73			
FA	.35	.22	.34	.18	.35	.59	.39		
WÜ	.14	.03	.24	.07	.19	.45	.44	.58	

Demnach besteht zwischen den Untertests WA und WÜ mit $r_{WA,WÜ} = 0.03$ nahezu kein Zusammenhang, wohingegen RA und ZR mit $r_{RA,ZR} = 0.73$ immerhin 53 Prozent der gemeinsamen Varianz erklärt. Eine solche erste Beurteilung der Korrelationsmatrix zeigt noch nicht, inwieweit sich das Variablengefüge gegenseitig bedingt und auf welche Faktoren die Variablen reduziert werden können.

Das unrotierte Ergebnis der Faktorenanalyse ist noch wenig brauchbar, da die Merkmale hier meist nur auf dem ersten Faktor hoch laden.

Unrotierte Faktoren:

	Faktor	1	2	3	4	5
Merkmal	SE	0.4847	0.2734	-0.2382	-0.1904	0.0622
	WA	0.3591	0.3265	0.0727	-0.0970	0.2289
	AN	0.5750	0.2106	0.0756	0.1398	-0.1459
	GE	0.3591	0.3353	0.1286	0.1738	-0.1041
	ME	0.5377	-0.0693	-0.1052	-0.2990	-0.2759
	RA	0.8281	-0.2728	0.3045	-0.0667	-0.1049
	ZR	0.7143	-0.2276	0.2669	-0.1726	0.1457
	FA	0.7045	-0.1910	-0.3094	0.1578	0.0904
	WÜ	0.5337	-0.3717	-0.1631	0.3215	0.2214

Nach der VARIMAX-Rotation ergibt sich folgendes Zahlenbild:

	Faktor	1	2	3	4	5
Merkmal	SE	0.0269	0.1771	-0.1610	-0.3631	0.4655
	WA	0.1399	0.2165	-0.0275	-0.0178	0.4849
	AN	0.2052	0.5214	-0.1911	-0.2038	0.1717
	GE	0.0720	0.5099	-0.0336	-0.0451	0.1751
	ME	0.2960	0.1270	-0.1163	-0.5866	0.0952
	RA	0.7589	0.3057	-0.3282	-0.2970	0.0540
	ZR	0.7051	0.1151	-0.2912	-0.1756	0.2412
	FA	0.1903	0.1677	-0.6882	-0.3032	0.1778
	WÜ	0.2436	0.0644	-0.7335	-0.0090	0.0197

Auf dem ersten Faktor laden nun die Untertests RA und ZR hoch, was plausibel erscheint, da für beide Aufgabentypen der Umgang mit numerischem Material verlangt wird. Auch die hohe Ladung von FA und WÜ beim dritten Faktor kann mit Hilfe von geometrisch-analytischen Fähigkeiten erklärt werden. Beim zweiten Faktor finden sich die Untertests AN und GE: Für beide Leistungen dürfte wiederum eine spezielle kognitive Struktur verantwortlich sein. Das gleiche gilt für die sprachgebundenen Tests SE und WA beim 5. Faktor. Eine gewisse Sonderstellung fand sich bei der Unterskala ME (4. Faktor).

Aufgrund dieser Analyse konnte belegt werden, daß zumindest in der untersuchten Studentenstichprobe der Intelligenz-Struktur-Test mehrere voneinander abhängige Skalen enthält.

Ergebnisse

```
ORTHOGONALE ROTATION VON 5 FAKTOREN MIT 9 VARIABLEN

 1.FAKTOR
  0.4847  0.3591  0.5750  0.3591  0.5377  0.8281  0.7143
  0.7045  0.5337
 2.FAKTOR
  0.2734  0.3265  0.2106  0.3353 -0.0693 -0.2728 -0.2276
 -0.1910 -0.3717
 3.FAKTOR
 -0.2382  0.0727  0.0756  0.1286 -0.1052  0.3045  0.2669
 -0.3094 -0.1631
 4.FAKTOR
 -0.1904 -0.0970  0.1398  0.1738 -0.2990 -0.0667 -0.1726
  0.1578  0.3215
 5.FAKTOR
  0.0622  0.2289 -0.1459 -0.1041 -0.2759 -0.1049  0.1457
  0.0904  0.2214

KOMMUNALITAETEN
VARIABLE 1 :     0.40654
VARIABLE 2 :     0.30264
VARIABLE 3 :     0.42147
VARIABLE 4 :     0.29894
VARIABLE 5 :     0.47045
VARIABLE 6 :     0.86832
VARIABLE 7 :     0.68421
VARIABLE 8 :     0.66155
VARIABLE 9 :     0.60201

ERGEBNISSE DER ROTIERTEN FAKTOREN
VARIABLE 1:     0.0269    0.1771   -0.1610   -0.3631    0.4655
VARIABLE 2:     0.1399    0.2165   -0.0275   -0.0178    0.4849
VARIABLE 3:     0.2052    0.5214   -0.1911   -0.2038    0.1717
VARIABLE 4:     0.0720    0.5099   -0.0336   -0.0451    0.1751
VARIABLE 5:     0.2960    0.1270   -0.1163   -0.5866    0.0952
VARIABLE 6:     0.7589    0.3057   -0.3282   -0.2970    0.0540
VARIABLE 7:     0.7051    0.1151   -0.2912   -0.1756    0.2412
VARIABLE 8:     0.1903    0.1677   -0.6882   -0.3032    0.1778
VARIABLE 9:     0.2436    0.0644   -0.7335   -0.0090    0.0197

VARIANZANTEILE IN PROZENT
FAKTOR 1 :    14.710
FAKTOR 2 :     8.502
FAKTOR 3 :    14.245
FAKTOR 4 :     8.121
FAKTOR 5 :     6.824
```

Programm (6464 Bytes)

```
10 REM * VARIMAX ROTATION * T. CHEAIB - C.-M. HAF *
20 PRINT TAB(20);"********************************"
30 PRINT TAB(20);"*        VARIMAX ROTATION        *"
40 PRINT TAB(20);"********************************"
50 PRINT
60 DIM A(25,25),C(25)
70 READ N,M
80 IF N>1 THEN 110
90 PRINT "MINDESTANZAHL DER FAKTOREN IST ZWEI!!"
100 GOTO 1380
110 PRINT
120 PRINT
130 PRINT "ORTHOGONALE ROTATION VON";N;"FAKTOREN MIT";M;
    "VARIABLEN"
140 PRINT
150 FOR J=1 TO N
160   PRINT STR$(J)+".FAKTOR "
170   FOR K=1 TO M
180          READ A(K,J)
190          PRINT USING"###.####";A(K,J);
200   NEXT K
210   PRINT
220 NEXT J
230 PRINT
240 PRINT "KOMMUNALITAETEN"
250 FOR J=1 TO M
260   C(J)=0
270   FOR K=1 TO N
280          C(J)=C(J)+A(J,K)^2
290   NEXT K
300   PRINT "VARIABLE";J;": ";USING"####.#####";C(J)
310   C(J)=SQR(C(J))
320   FOR K=1 TO N
330          A(J,K)=A(J,K)/C(J)
340   NEXT K
350 NEXT J
360 REM --- NORMALISIEREN
370 N1=N-1
380 N0=0
390 FOR I=1 TO N1
400   I1=I+1
410   FOR J=I1 TO N
420          A1=0
430          B1=0
440          C1=0
450          D1=0
460          FOR K=1 TO M
470                 U=A(K,I)^2-A(K,J)^2
480                 V=A(K,I)*A(K,J)*2
490                 A1=A1+U
500                 B1=B1+V
```

```
510                    C1=C1+U*U-V*V
520                    D1=D1+U*V*2
530             NEXT K
540             M0=M
550             Q1=D1-2*A1*B1/M0
560             Q0=C1-(A1^2-B1^2)/M0
570             IF (ABS(Q1)+ABS(Q0))<=0 THEN 910
580             IF (ABS(Q1)-ABS(Q0))=0 THEN 770
590             IF (ABS(Q1)-ABS(Q0))>0 THEN 690
600             M0=ABS(Q1/Q0)
610             IF (M0-.00116)<0 THEN 650
620             C0=COS(ATN(M0))
630             S0=SIN(ATN(M0))
640             GOTO 790
650             IF Q0=>0 THEN 910
660             S3=.70710678
670             C3=S3
680             GOTO 930
690             M0=ABS(Q0/Q1)
700             IF (M0-.00116)<0 THEN 740
710             S0=1/SQR(1+M0^2)
720             C0=S0*M0
730             GOTO 790
740             C0=0
750             S0=1
760             GOTO 790
770             C0=.70710678
780             S0=C0
790             M0=SQR((1+C0)*.5)
800             C2=SQR((1+M0)*.5)
810             S2=S0/(4*C2*M0)
820             IF Q0=>0 THEN 860
830             C3=.70710678*(C2+S2)
840             S3=.70710678*(C2-S2)
850             GOTO 880
860             C3=C2
870             S3=S2
880             IF Q1=>0 THEN 930
890             S3=-S3
900             GOTO 930
910             N0=N0+1
920             GOTO 980
930             FOR K=1 TO M
940                    M0=A(K,I)*C3+A(K,J)*S3
950                    A(K,J)=A(K,J)*C3-A(K,I)*S3
960                    A(K,I)=M0
970             NEXT K
980    NEXT J
990 NEXT I
1000 IF (N0-(N*N1)/2)<>0 THEN 380
1010 REM --- RUECKGAENGIGMACHEN DER NORMALISIERUNG
1020 FOR K=1 TO M
1030   FOR L=1 TO N
1040          A(K,L)=A(K,L)*C(K)
1050   NEXT L
1060 NEXT K
```

```
1070 PRINT
1080 PRINT "ERGEBNISSE DER ROTIERTEN FAKTOREN"
1090 FOR J=1 TO M
1100   PRINT "VARIABLE"+STR$(J)+": ";
1110   FOR K=1 TO N
1120         PRINT USING"####.####";A(J,K);
1130   NEXT K
1140   PRINT
1150 NEXT J
1160 REM =======================
1170 FOR J=1 TO N
1180   C(J)=0
1190   FOR K=1 TO M
1200         C(J)=C(J)+A(K,J)^2
1210   NEXT K
1220 NEXT J
1230 FOR J=1 TO N
1240   C(J)=100*C(J)/M
1250 NEXT J
1260 PRINT
1270 PRINT "VARIANZANTEILE IN PROZENT"
1280 FOR J=1 TO N
1290   PRINT "FAKTOR";J;": ";USING"#####.###";C(J)
1300 NEXT J
1310 DATA 5,9
1320 DATA .48469,.3591,.57495,.3591,.53767,.82809,.71427
1330 DATA .70446,.53374,.27343,.32649,.2106,.33527,-.06929
1340 DATA -.27282,-.22757,-.191,-.37167,-.23821,.07273,.07555
1350 DATA .12864,-.10524,.30448,.2669,-.3094,-.16308,-.19035
1360 DATA -.09701,.13984,.17378,-.29897,-.06673,-.17257,.15783
1370 DATA .3215,.06224,.22888,-.14591,-.1041,-.27587,-.10486
1375 DATA .14567,.09039,.22143
1380 END
```

4.3 Konfirmatorische Faktorenanalyse

Gibt es keine Vorinformation, wie die einzelnen Variablen auf den jeweiligen Faktoren laden, ist es sicher notwendig (wie oben) eine exploratorische Faktorenanalyse durchzuführen. Haben wir hingegen bereits gewisse Erwartungen hinsichtlich der Ladungsmuster, und das dürfte bei den meisten Forschungsvorhaben der Fall sein, bietet sich eher die konfirmatorische Faktorenanalyse an. Mit der konfirmatorischen Faktorenanalyse lassen sich komplexe Modelle empirisch überprüfen.

Vorgehensweise bei der konfirmatorischen Faktorenanalyse

1. Anzahl der zu extrahierenden Faktoren n und Ordnung m der Korrelationsmatrix einlesen;
2. Korrelationsmatrix R_{mm} Einlesen;
3. Für Faktor l (l=1,...,n) die Ladungsmuster V_m der Hypothesenvektoren einlesen;
4. Berechnung der Spaltensummen:

$$W_k = \sum_{i=1}^{m} V_i * R_{ik} \qquad k=1,...,m$$

5. Ermittlung der Gesamtladungszahl:

$$S = 1/\sqrt{\sum_{i=1}^{m} W_i * V_i}$$

6. Ermittlung der normierten Ladungsmuster:

$$L_i = V_i * S \qquad i=1,...,m$$

7. Rotierte Faktoren:

$$A_{il} = \sum_{i=1}^{m} R_{ij} * L_i \qquad j=1,...,m \quad l=1,...,m$$

8. Bildung der Residualmatrix:

$$R_{jk} = R_{jk} - A_{jl} * A_{kl} \qquad j=1,...,m \quad k=1,...,m \quad l=1,...,n$$

9. Varianzanteile ermitteln:

$$\bar{V}_j = (\sum_{j=1}^{n} A_{kj}^2)/m \qquad k=1,...,m$$

10. Berechnung der kumulierten Faktoren:

$$F_j = \sum_{i=1}^{j} \bar{V}_i \qquad j=1,\ldots,n$$

11. Berechnung der Kommunalitäten:

$$K_j = \sum_{i=1}^{n} A_{ji}^2 \qquad j=1,\ldots m$$

Beispiel

Zur späteren Untersuchung von Gedächtnisstörungen nach schwerem Schädelhirntrauma interessiert einen Psychophysiologen der Zusammenhang von sieben gebräuchlichen Gedächtnisstests. Er geht davon aus, daß vier Tests auf einem Faktor und die drei anderen Tests auf einem zweiten Faktor laden müßten, falls seine Grundannahmen zu den Gedächtnisfunktionen richtig sind.

Er notiert sich die Hypothesenfaktoren wie folgt:

Faktor	I	II
Test 1	1	0
Test 2	1	0
Test 3	1	0
Test 4	1	0
Test 5	0	1
Test 6	0	1
Test 7	0	1

Nach der Rotation erhält er das Ergebnis:

Faktor	I	II
Test 1	0.8202	0.0680
Test 2	0.8596	-0.0592
Test 3	0.8753	0.0385
Test 4	0.7660	-0.0473
Test 5	0.0705	0.8392
Test 6	0.2824	0.8531
Test 7	0.2391	0.8736

Das Ergebnis bestätigt die Annahmen des Forschers. Die beiden Faktoren erklären 73% der Varianz. Allerdings laden die Tests 6 und 7 mit über .2 auch auf dem ersten Faktor.

Ergebnis

```
EXTRAKTION VON 2 FAKTOREN MIT 7 VARIABLEN

 1:     1.0000  0.5570  0.6730  0.4940  0.2270  0.1260  0.3070
 2:     0.5570  1.0000  0.7410  0.5570 -0.0760  0.3150  0.1180
 3:     0.6730  0.7410  1.0000  0.4930  0.1810  0.1960  0.2400
 4:     0.4940  0.5570  0.4930  1.0000 -0.0980  0.3010  0.1290
 5:     0.2270 -0.0760  0.1810 -0.0980  1.0000  0.5840  0.6110
 6:     0.1260  0.3150  0.1960  0.3010  0.5840  1.0000  0.7720
 7:     0.3070  0.1180  0.2400  0.1290  0.6110  0.7720  1.0000

ERWARTETE LADUNGSMUSTER (HYPOTHESEN)
  1.00  1.00  1.00  1.00  0.00  0.00  0.00
  0.00  0.00  0.00  0.00  1.00  1.00  1.00

VARIANZANTEILE
FAKTOR 1 :   41.522   KUMULIERT   41.522
FAKTOR 2 :   31.528   KUMULIERT   73.050

KOMMUNALITAETEN
VARIABLE 1 :   0.6774
VARIABLE 2 :   0.7425
VARIABLE 3 :   0.7676
VARIABLE 4 :   0.5890
VARIABLE 5 :   0.7092
VARIABLE 6 :   0.8075
VARIABLE 7 :   0.8203

ROTIERTE FAKTOREN
VARIABLE 1 :   0.8202  0.0680
VARIABLE 2 :   0.8596 -0.0592
VARIABLE 3 :   0.8753  0.0385
VARIABLE 4 :   0.7660 -0.0473
VARIABLE 5 :   0.0705  0.8392
VARIABLE 6 :   0.2824  0.8531
VARIABLE 7 :   0.2391  0.8736

RESIDUAL MATRIX
 1:     0.3226 -0.1441 -0.0475 -0.1311  0.1121 -0.1637  0.0515
 2:    -0.1441  0.2575 -0.0092 -0.1043 -0.0869  0.1227 -0.0358
 3:    -0.0475 -0.0092  0.2324 -0.1757  0.0870 -0.0841 -0.0029
 4:    -0.1311 -0.1043 -0.1757  0.4110 -0.1122  0.1250 -0.0128
 5:     0.1121 -0.0869  0.0870 -0.1122  0.2908 -0.1518 -0.1390
 6:    -0.1637  0.1227 -0.0841  0.1250 -0.1518  0.1925 -0.0407
 7:     0.0515 -0.0358 -0.0029 -0.0128 -0.1390 -0.0407  0.1797
```

Programm (8178 Bytes)

```
10 REM * KONFIRMATORISCHE FAKTORENANALYSE * CHEAIB/HAF *
20 PRINT TAB(12);"*******************************************"
30 PRINT TAB(12);"*     KONFIRMATORISCHE FAKTORENANLYSE     *"
40 PRINT TAB(12);"*******************************************"
50 PRINT
60 DIM R(25,25),A(25,25),V(25),W(25)
```

```
70 PRINT
80 READ M,N
90 PRINT "EXTRAKTION VON";N;"FAKTOREN MIT";M;"VARIABLEN"
100 PRINT
110 FOR I=1 TO M
120     R(I,I)=1
130 NEXT I
140 NN=M-1
150 FOR I=1 TO NN
160    II=I+1
170    FOR J=II TO M
180           READ R(I,J)
190    NEXT J
200 NEXT I
210 FOR I=1 TO M
220    FOR J=1 TO M
230              R(J,I)=R(I,J)
240    NEXT J
250 NEXT I
260 FOR I=1 TO M
270    PRINT STR$(I)+":   ";
280    FOR J=1 TO M
290           PRINT USING"###.####";R(I,J);
300    NEXT J
310    PRINT
320 NEXT I
330 REM
340 PRINT
350 PRINT "ERWARTETE LADUNGSMUSTER (HYPOTHESEN)"
360 FOR L=1 TO N
370    FOR J=1 TO M
380           READ V(J)
390           PRINT USING"###.##";V(J);
400    NEXT J
410    PRINT
420    FOR J=1 TO M
430           W(J)=0
440           FOR K=1 TO M
450                  W(J)=W(J)+V(K)*R(K,J)
460           NEXT K
470    NEXT J
480    S=0
490    FOR J=1 TO M
500           S=S+W(J)*V(J)
510    NEXT J
520    S=1/SQR(S)
530    FOR J=1 TO M
540           W(J)=V(J)*S
550    NEXT J
560    FOR J=1 TO M
570    A(J,L)=0
580           FOR K=1 TO M
590                  A(J,L)=A(J,L)+R(J,K)*W(K)
600           NEXT K
610    NEXT J
620 REM --- RESIDUAL MATRIX
```

```
630    FOR J=1 TO M
640           FOR K=1 TO M
650                  R(J,K)=R(J,K)-A(J,L)*A(K,L)
660           NEXT K
670    NEXT J
680 NEXT L
690 REM
700 FOR J=1 TO N
710    V(J)=0
720    FOR K=1 TO M
730              V(J)=V(J)+A(K,J)*A(K,J)
740    NEXT K
750 NEXT J
760 PRINT
770 PRINT "VARIANZANTEILE"
780 C=0
790 FOR J=1 TO N
800    V(J)=100*V(J)/M
810    C=C+V(J)
820    W(J)=C
830 NEXT J
840 FOR J=1 TO N
850 PRINT "FAKTOR";J;": ";USING"####.###";V(J);
860 PRINT "   KUMULIERT ";USING"####.###";W(J)
870 NEXT J
880 FOR J=1 TO M
890    V(J)=0
900    FOR K=1 TO N
910              V(J)=V(J)+A(J,K)*A(J,K)
920    NEXT K
930 NEXT J
940 PRINT
950 PRINT "KOMMUNALITAETEN"
960 FOR J=1 TO M
970    PRINT "VARIABLE";J;": ";USING"###.####";V(J)
980 NEXT J
990 PRINT
1000 PRINT "ROTIERTE FAKTOREN"
1010 FOR J=1 TO M
1020   PRINT "VARIABLE";J;": ";
1030          FOR K=1 TO N
1040                 PRINT USING"###.####";A(J,K);
1050          NEXT K
1060   PRINT
1070 NEXT J
1080 PRINT
1090 PRINT "RESIDUAL MATRIX"
1100 FOR I=1 TO M
1110    PRINT STR$(I)+":   ";
1120    FOR K=1 TO M
1130          PRINT USING"###.####";R(I,K);
1140    NEXT K
1150    PRINT
1160 NEXT I
1170 DATA 7,2
1180 DATA .557,.673,.494,.227,.126,.307
```

```
1190 DATA .741,.557,-.076,.315,.118
1200 DATA .493,.181,.196,.24
1210 DATA -.098,.301,.129
1220 DATA .584,.611
1230 DATA .772
1240 DATA 1,1,1,1,0,0,0          ,0,0,0,0,1,1,1
1250 END
```

Literatur

Arminger, G.: **Faktorenanalyse**. Statistik für Soziologen 3. Stuttgart 1979.

Baumann, U.: Psychologische Taxometrie. Bern 1971.

Cattell, R.B.: **Factor Analysis. New York 1952.**

Cooley, W. & P. Lohnes: Multivariate Data Analysis. New York 1971.

Herrmann, T.: Lehrbuch der empirischen Persönlichkeitsforschung. Göttingen 1976.

Holm, K.: Die Befragung 3. Die Faktorenanalyse. München 1976.

(*) Horst, P.: Factor Analysis of Data Matrices. New York 65.

Kaiser, H.F.: The Varimax Criterion for Analytic Rotation in Factor Analysis. Psychometrika 27, 1962, S.335-354.

Kaiser, H.F.: Computer Program for Varimax Rotation in Factor Analysis. Educational and Psychological Measurement 19, 1959, S.413-420.

Lienert, G.A. & H.W. Croft: Studies on the Factor Structure of Intelligence in Children, Adolescents und Adults. Vita Humana 7, 1964, S.147-163.

Meyer, M.: Ökologische Datensätze. Braunschweig 1984.

Overall, J.E.: Orthogonal Factors and Uncorrelated Factor Scores. Psychological Reports 10, 1962, S.651-662.

Revenstorf, D.: Faktoranalyse. Stuttgart 1980.

Thurstone, L.: Multiple-Factor-Analysis. Chicago 1947.

(*) Überla: Faktoranalyse. Berlin, Heidelberg, New York 1968.

Veldman, D.J.: Fortran Programming for the Behavioral Science 1967.

Weber, E.: Einführung in die Faktoranalyse. Stuttgart 1974.

Anhang

BASIC und Matrixalgebra

1. BASIC

Für fast alle Mikrocomputersysteme stehen inzwischen BASIC-Interpreter oder -Compiler zur Verfügung. Es gibt eine Vielzahl von BASIC-Sprachen, die es notwendig machen, Programme mit den elementarsten Anweisungen, Operationen und Funktionen auszustatten. Nur so ist es möglich, daß die Programme auf den meisten Maschinen lauffähig sind, bzw. mit vertretbarem Aufwand angepaßt werden können.

Die Beschreibung der BASIC-Anweisungen und Ausdrücke sind den Benutzermanualen der einzelnen BASIC-Sprachen zu entnehmen.

2. MATRIXALGEBRA

2.1 Definitionen:

- **Matrix**: Eine Matrix ist eine Gruppe von Zahlen (Elemente) die in m-Zeilen und n-Spalten geordnet sind. In der Mathematik wird sie mit Großbuchstaben bezeichnet: z.B. A_{mn}. Die Ordnung der Matrix ergibt sich aus der Multiplikation der Zahlen m und n.

- **Vektor**: Ein Vektor ist ein Sonderfall der Matrix. Die Anzahl der Zeilen m oder der Spalten n ist hier eins. Man spricht von **Zeilen**vektoren bei m=1, bzw. von **Spalten**vektoren bei n=1. Vektoren werden meist mit Kleinbuchstaben bezeichnet.

- **Skalar**: Ein Skalar ist eine einzeilige und einspaltige Matrix (Ordnung 1X1=1), d.h. eine Zahl.

2	7	2
3	6	7

A_{23}

Matrix

5
3
1

Spaltenvektor

5	3	1

Reihenvektor

7

Skalar

2.2 Einige Eigenschaften und Begriffe:

- Zwei Matrizen mit den gleichen Zeilen- und Spaltenelementen (A_{mn} und B_{mn}) sind **gleich**, wenn die einzelnen Elemente gleich sind, d.h.: $A_{mn} = B_{mn}$.
- Für die Matrix A_{mn} erhält man die **transponierte Matrix** A'_{nm}, so daß das Element $a'_{ji} = a_{ij}$.

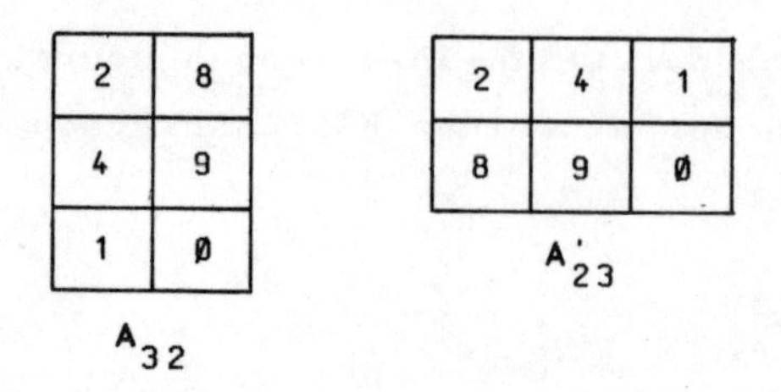

In BASIC:

```
100 M=3
110 N=2
120 FOR I=1 TO M
130 FOR J=1 TO N
140 T(J,I)=A(I,J)
150 NEXT J
160 NEXT I
```

- Eine Matrix heißt **quadratisch**, wenn die Anzahl der Zeilen und Spalten gleich ist (m=n).
- Eine quadratische Matrix ist **symmetrisch**, wenn die Bedingung $a_{ij} = a_{ji}$ für alle Elemente erfüllt ist.

7	8	1
2	Ø	4
3	6	3

quadrat. Matrix

1	6	3
6	4	Ø
3	Ø	5

symmetr. Matrix

- Eine **Diagonalmatrix** ist eine symmetrische Matrix, bei der alle Elemente mit Ausnahme der Diagonale Null sind.
- Die **Einheitsmatrix** ist eine Diagonalmatrix, in der alle Diagonalelemente $a_{ii}=1$.

3	Ø	Ø
Ø	5	Ø
Ø	Ø	1

Diagonalmatrix

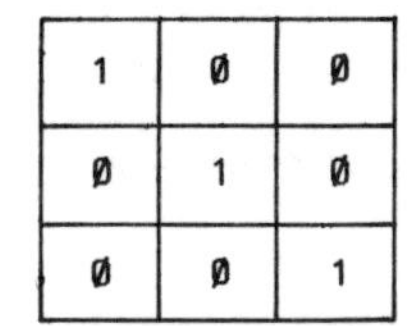

1	Ø	Ø
Ø	1	Ø
Ø	Ø	1

Einheitsmatrix

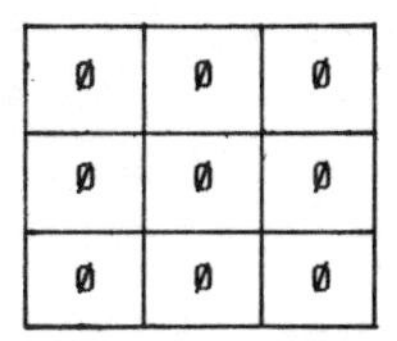

Ø	Ø	Ø
Ø	Ø	Ø
Ø	Ø	Ø

Nullmatrix

- Sind alle Elemente einer Matrix Null, so spricht man von einer **Nullmatrix**.

2.3 Rechenoperationen:

2.3.1 **Addition und Subtraktion**

Nur Matrizen gleicher Größe, d.h. gleicher Zeilen- und Spaltengrößen, dürfen addiert oder subtrahiert werden. Dabei werden die Elemente der beiden Matrizen einzeln addiert bzw. subtrahiert, d.h.:

$$a_{ij} \pm b_{ij} = c_{ij}$$

Beispiel:

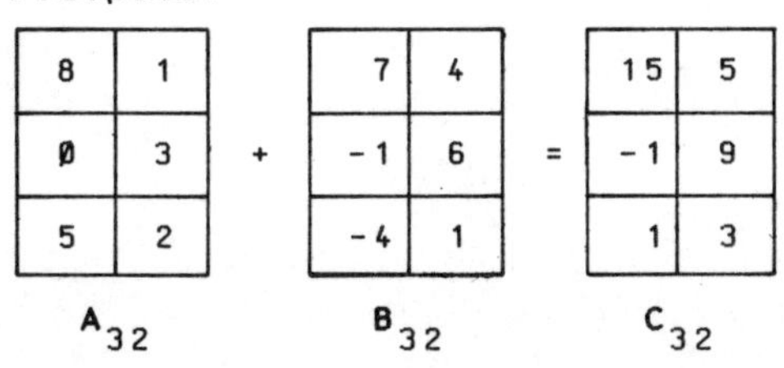

8	1
Ø	3
5	2

A_{32}

\+

7	4
-1	6
-4	1

B_{32}

=

15	5
-1	9
1	3

C_{32}

```
In BASIC:   100 M=3
            110 N=2
            120 FOR I=1 TO M
            130 FOR J=1 TO N
            140 C(I,J)=A(I,J)+B(I,J)
            150 NEXT J
            160 NEXT I
```

2.3.2 **Multiplikation**

Matrizen können nur dann miteinander multipliziert werden, wenn die Anzahl der Spalten der ersten Matrix gleich der Anzahl der Zeilen der zweiten Matrix ist. Die Produktmatrix hat die Anzahl der Zeilen der zweiten Matrix und die Anzahl der Spalten der zweiten Matrix.

Es sei das Produkt C der Matrizen A_{kl} und B_{mn} zu bilden. Nach der Voraussetzung l=m gilt:

$$C_{kn} = A_{kl} * B_{ln}$$

Dabei gilt für ein Element der Matrix C_{kn}

$$c_{ij} = \sum_{p=1}^{l} a_{ip} * b_{pn}$$

Beispiel:

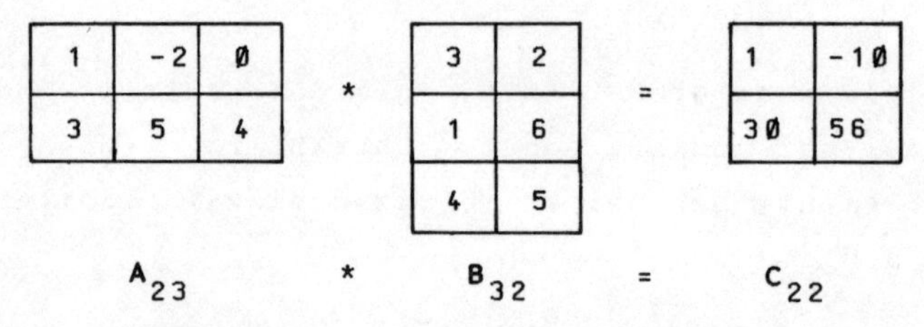


```
In BASIC:   100 K=2
            110 L=3
            120 N=2
            130 FOR I=1 TO K
            140 FOR J=1 TO N
            150 C(I,J)=0
            160 FOR M=1 TO L
            170 C(I,J)=C(I,J)+A(I,M)*B(M,J)
            180 NEXT M
            190 NEXT J
            200 NEXT I
```

2.3.3 **Division**

Die Division der Matrix A_{kl} zu B_{ln} ist eine Multiplikation von A_{kl} mit B_{ln}^{-1}. B_{ln}^{-1} ist die reziproke Matrix oder Inverse-Matrix von B_{ln}. Für die Berechnung einer Inverse-Matrix wird auf die Fachliteratur verwiesen.

2.3.4 **Determinante**

Unter einer Determinante einer quadratischen Matrix mit n Zeilen und n Spalten versteht man die Zahl D, die sich nach folgender Formel errechnet:

$$D = |a_{ij}| = \Sigma\ (-1)^k * a_{1\alpha} * a_{2\beta} * \ldots * a_{n\omega}$$

Dabei sind α, β, ..., ω alle n! möglichen Permutationen der Zahlen 1,2,...,n. Das Vorzeichen vor jedem Glied der Determinante wird durch die Zahl k der Inversionen in jeder Permutation bestimmt. a_{ij} sind die Elemente der Matrix. Näheres darüber siehe: Bronstein, 1979.

Beispiel:

$$A = \begin{array}{|c|c|} \hline 4 & 6 \\ \hline 2 & 5 \\ \hline \end{array} \quad ; \qquad D = \begin{vmatrix} 4 & 6 \\ 2 & 5 \end{vmatrix} = 4*5-2*6 = 8 \ .$$

Literatur

Ayres, F.Jr.: Matrizen. New York 1978.

Bronstein I.N. & K.A. Semendjajew: Taschenbuch der Mathematik. Fankfurt/Main 1979, S.125-127,139.

Busch, R. & S.: Basic. Matrix-Operationen. München 1984.

Gröbner, W.: Matrizenrechnung. Mannheim 1966.

Schwill, W.-D. & R. Weibezahn: Einführung in die Programmiersprache BASIC. Braunschweig 1976.

Zurmühl, R.: Matrizen und ihre technische Anwendungen. Berlin 1964.

Stichwortverzeichnis

Die Programme wurden auf einem Personal-Computer mit CP/M Betriebssystem entwickelt. Wer sich Eintipparbeit und Fehlersuche ersparen will, kann von den Autoren die Software auf Floppy-Disk mit IBM-Standardformat gegen einen Unkostenbeitrag anfordern. Bei der Bestellung sind Angaben über das Betriebssystem (nur CP/M oder MS-DOS), sowie über Diskettengröße (5 1/4" oder 8") erforderlich. Kontaktadresse:

Taysir Cheaib
Valerystr. 61
8044 Unterschleißheim